高等学校教材

飞行器零部件三维建模

赵刚要　主编

西北工业大学出版社

西　安

【内容简介】 本书对飞机零部件建模基础知识、多种类型三维零部件建模和装配进行了系统介绍和实例讲解,主要内容包括绪论,飞行器零部件三维建模基础,飞行器钣金类零件、接头厚板类零件和蒙皮类零件三维建模,飞行器典型部件装配,工程图创建和飞行器典型部件装配仿真等。

本书可作为高等院校航空、航天类专业及相关专业本科生和研究生的教材,也可供从事飞行器制造及相关工作的人员参考。

图书在版编目(CIP)数据

飞行器零部件三维建模 / 赵刚要主编. — 西安 :
西北工业大学出版社,2025. 2. — ISBN 978 - 7 - 5612
- 9692 - 9

Ⅰ. V47 - 39

中国国家版本馆 CIP 数据核字第 2025ZV8723 号

FEIXINGQI LINGBUJIAN SANWEI JIANMO

飞 行 器 零 部 件 三 维 建 模
赵刚要　主编

责任编辑:胡莉巾	策划编辑:胡莉巾
责任校对:王玉玲	装帧设计:高永斌　李　飞

出版发行:西北工业大学出版社
通信地址:西安市友谊西路 127 号　　　邮编:710072
电　　话:(029)88491757,88493844
网　　址:www.nwpup.com
印　刷　者:西安五星印刷有限公司
开　　本:787 mm×1 092 mm　　1/16
印　　张:13
字　　数:324 千字
版　　次:2025 年 2 月第 1 版　　2025 年 2 月第 1 次印刷
书　　号:ISBN 978 - 7 - 5612 - 9692 - 9
定　　价:48.00 元

前　言

　　三维建模是在计算机的相关软件中建立所需要构建零部件的三维模型。三维建模在飞行器设计与制造过程中的应用,不仅可以有效提升工艺设计水平,实现飞行器结构与功能一体化设计制造,而且还可以降低成本,提高设计和制造的效率,推动飞行器结构轻量化设计和优化技术发展,满足航空制造业对高性能和高可靠性的需求。随着数字化和信息化技术的不断发展,飞行器三维建模对于科技密集型的航空产业的作用和意义越来越明显。

　　本书是航空、航天类专业特色教材,具有较强的专业性和实用性。本书内容涵盖了飞机图纸识读、飞行器零部件三维建模与装配仿真等飞行器制造工程专业的重要专业课程内容,书中相关技术内容及符号等都采用最新国家标准。

　　本书以飞机全三维数字化建模为主线,按照飞机零部件建模规范,以 CATIA 三维建模和 DELMIA 装配仿真软件为平台,对飞机零部件建模与装配进行了仿真教学分析及实例操作练习。本书从教学内容、教学目的、操作技能和巩固与提高四个方面展开,以全面提高学生的飞机零部件数字化建模的理论水平与操作技能。

　　本书的编写人员均为南昌航空大学教师,由赵刚要担任主编,张冉阳担任副主编。本书共分8章,具体编写分工如下:第一、二、三、五章由赵刚要编写,第四章由胡政编写,第六、七章由张冉阳编写,第八章由朱永国编写。全书由赵刚要统稿,由南昌航空大学郭正华教授主审。

　　本书涉及的电子资源,读者可登录西北工业大学出版社官方网站(https://www.nwp-up.com)在"资源下载"页面输入本书名称"飞行器零部件三维建模"进行搜索,即可免费下载。

　　在本书的出版过程中,得到了南昌航空大学飞行器制造工程系各位领导和教师,以及南昌航空大学教务处、西北工业大学出版社的大力支持,在此深表谢意。在编写本书的过程中,参考了相关文献、书籍,在此向其作者一并表示感谢。

　　由于水平有限,书中难免存在疏漏和不足之处,恳请广大读者批评指正。

编　者

2024 年 9 月

目 录

第一章 绪论 ……………………………………………………………………………… 1

   第一节 飞行器零部件三维建模概述 ………………………………………………… 1

   第二节 飞机零部件建模 CAD/CAM 软件 ………………………………………… 2

   第三节 CATIA V5 简介 ……………………………………………………………… 3

   第四节 DELMIA 简介 ……………………………………………………………… 6

第二章 飞行器零部件三维建模基础 …………………………………………………… 8

   第一节 概述 …………………………………………………………………………… 8

   第二节 飞行器零部件识图基础 ……………………………………………………… 8

   第三节 飞行器零部件三维建模规定 ……………………………………………… 20

   第四节 CATIA 三维建模基础 ……………………………………………………… 24

   第五节 练习与提高 ………………………………………………………………… 39

第三章 飞行器钣金类零件三维建模 ………………………………………………… 41

   第一节 概述 ………………………………………………………………………… 41

   第二节 角片类零件三维建模 ……………………………………………………… 41

   第三节 梁、长桁类零件三维建模 ………………………………………………… 48

   第四节 普通翼肋零件三维建模 …………………………………………………… 53

   第五节 普通隔框零件三维建模 …………………………………………………… 57

   第六节 管类零件三维建模 ………………………………………………………… 61

   第七节 练习与提高 ………………………………………………………………… 66

第四章 飞行器接头厚板类零件三维建模 …………………………………………… 68

   第一节 概述 ………………………………………………………………………… 68

   第二节 接头类零件三维建模 ……………………………………………………… 68

   第三节 加强隔框三维建模 ………………………………………………………… 76

   第四节 加强翼肋三维建模 ………………………………………………………… 81

第五节　整体壁板类零件三维建模 ……………………………………………… 90

第六节　练习与提高 ………………………………………………………………… 96

第五章　飞行器蒙皮类零件三维建模 …………………………………………… 98

第一节　概述 ………………………………………………………………………… 98

第二节　单曲度蒙皮三维建模 ……………………………………………………… 98

第三节　双曲度蒙皮三维建模 …………………………………………………… 102

第四节　复杂形状蒙皮三维建模 ………………………………………………… 106

第五节　练习与提高 ……………………………………………………………… 114

第六章　飞行器典型部件装配 …………………………………………………… 116

第一节　装配设计概述 …………………………………………………………… 116

第二节　装配结构设计与管理 …………………………………………………… 117

第三节　自底向上装配 …………………………………………………………… 121

第四节　自顶向下装配 …………………………………………………………… 134

第五节　练习与提高 ……………………………………………………………… 135

第七章　工程图创建 ……………………………………………………………… 136

第一节　工程视图设计 …………………………………………………………… 136

第二节　尺寸标注 ………………………………………………………………… 148

第三节　生成装饰特征 …………………………………………………………… 159

第四节　打印工程图 ……………………………………………………………… 161

第五节　练习与提高 ……………………………………………………………… 163

第八章　飞行器典型部件装配仿真 ……………………………………………… 164

第一节　概述 ……………………………………………………………………… 164

第二节　DELMIA V5 用户操作界面与工作环境设置 ………………………… 164

第三节　装配件设计 ……………………………………………………………… 190

第四节　装配序列规划 …………………………………………………………… 190

第五节　装配路径规划 …………………………………………………………… 191

第六节　装配仿真 ………………………………………………………………… 191

第七节　练习与提高 ……………………………………………………………… 200

参考文献 ……………………………………………………………………………… 201

第一章 绪 论

第一节 飞行器零部件建模技术概述

飞行器零部件设计是飞机设计和制造过程的一个重要步骤。飞机自身的功能决定了其在产品设计上具有产品结构复杂、零部件数量庞大、材料种类繁多的特点,在产品制造上具有工艺专业种类多等特点。这些导致飞机零部件设计与制造耗时耗力,飞机研制周期长、成本高。

CATIA(Conception Assistée Tridimensionnelle Interactive Appliquée)具有很强的三维复杂曲面造型功能,适用于飞机、汽车等复杂机械产品外形几何设计等,已成为飞行器零部件三维建模的首选软件之一。DELMIA 可以通过在 3D 数字环境中虚拟制造流程,提前发现并解决实际制造中可能出现的问题,可以实现飞行器零部件及其组件的动态安装仿真,并在仿真过程中检查干涉及进行可行性、可达性和可操作性分析。此外,DELMIA V5 可以与 CATIA 无缝对接,提高飞机的设计制造效率。

(一)飞机零部件三维建模

三维建模,就是利用采集的三维数据,将现实中的三维物体或场景在计算机中进行重建,最终在计算机上实现,从而模拟出较真实的三维物体或场景。它的技术核心就是根据研究对象的三维空间信息来构造其立体模型,尤其是几何模型,并利用相关建模软件或编程语言生成该模型的图形,然后对其进行各种操作和处理。

(二)三维建模技术在飞机零部件设计制造中的发展趋势

1. 智能化

三维 CAD(计算机辅助设计)技术在飞机零部件参数设计和特征造型方面发展较为迅速,也体现出其智能化。在用户使用软件的时候,参数值和特征的引入都较为便捷,使得设计工作能够更快开展,同时工程数据可以在三维 CAD 软件中真实还原。现阶段,CAD 软件所存在的特征模型问题是只能处理零件的几何造型,对于其他分析[如 CAPP(计算机辅助工艺规则)、加工问题等]还难以处理。

2. 规范化

利用三维 CAD 技术进行开发设计的时候,可以将已有的飞机零部件几何数据和工程参数值作为系统开发的关键。目前三维 CAD 技术已经逐渐走向规范化,其具体表现为数据的交换格式和模型形成规范,CAD所拥有的资源也形成规范。在数据模型构造过程中,应遵循产品模型数据交互规范(STEP)体系(该体系也因为得到应用而不断升级完善,其中各项指南对于现代工程建模和几何数据都具有指导性作用)。

3.集成化

三维CAD技术不仅是航空、航天行业零部件设计制造的绘图工具,还能够对数据库、计算机软件、网络和外围设备进行集成,同时,该技术也能够对资源管理信息进行集成。在信息化时代,三维CAD技术已能实现CAD/CAM(计算机辅助设计与制造)的集成,今后该技术将会成为发展主流。

4.虚拟网络化

随着各种网络应用工具的开发和使用,飞机零部件三维建模技术已经突破传统的单机状态。网络化的发展对于飞机零部件三维建模技术来说无疑是锦上添花,人们可以通过网络更为直观地认识其优缺点,对产品各项参数也能一目了然。在不远的将来,飞机零部件三维建模技术虚拟网络仍会是一个热门话题,并且其优势将随着网络技术的发展而愈加显著。

(三)飞机全三维数字化建模技术

近几十年来,特别是进入20世纪90年代以来,数字化技术在全世界制造企业中,尤其是在飞机制造企业中越来越受到重视,已经成为衡量一个企业能否在同等地位企业中胜出的重要标志。基于模型的工程定义(Model Based Definition,MBD)应运而生。MBD是一个用集成的三维实体模型来完整表达产品定义信息的方法体,它详细规定了三维实体模型中产品尺寸、公差的标注规则和工艺信息的表达方法。MBD改变了传统由二维工程图纸来描述几何形状信息的方式,而是采用三维实体模型来定义尺寸、公差和工艺信息的分步。产品数字化定义方法,是三维设计发展的必经之路,是三维模型取代二维工程图成为加工制造的唯一数据源的核心技术。

波音777型号飞机中使用的三维设计技术是MBD技术的雏形,MBD技术的全方位应用开始于波音787型号飞机的研制。基于数字化技术的虚拟样机,在协同设计方面带来了极大的便利,有效降低了设计的返工率,提高了设计效率和设计质量。21世纪初期,数字化技术才开始在国内各大飞机设计制造企业中得到规模化应用,其在飞机新型号研制过程中发挥了巨大作用,实现了在数字样机的研制过程中全程采用三维模型和数字化虚拟装配技术。

第二节 飞机零部件建模CAD/CAM软件

制造业的全球化和信息化,催生了一门产品开发综合性应用技术——计算机辅助设计与制造(CAD/CAM)。该技术是新一代数字化、虚拟化、智能化设计平台的基础,其在飞行器设计与制造的成功应用,不仅有效缩短了飞行器研制周期,降低了成本,而且也成了培育航空航天类创新型人才的重要手段。

常用机械三维设计软件有CATIA、UGNX、Pro/Engineer等。CATIA针对不同工艺类型的零件(如机加件、钣金件、复合材料件、管路件等)开发了不同的模块,以满足不同的数字化工艺制造要求。此外,CATIA以其先进的混合建模技术、在整个产品周期内方便修改的能力、模块的相关性和并行的设计环境,能支持从概念设计到产品实现的全过程。它是世界上第一个实现产品数字样机开发的软件,也是一个全球航空业界普遍使用的集成产品开发环境。

第三节 CATIA V5 简介

(一)概述

CATIA 是法国达索公司和 IBM 共同发布的产品,也是世界上主流的 CAD/CAE(计算机辅助工程)/CAM 软件之一。CATIA 发布于 1982 年(最初版本),发展于 1994 年(V5),赏心悦目的界面、易用而强大的功能使其一跃成为航空、航天、造船和汽车等领域的核心系统,从而也确定了 CATIA 在 CAD/CAE/CAM 行业内的领先地位。

CATIA V5 是 IBM 和法国达索公司长期以来在为数字化企业服务过程中不断探索的结晶。围绕数字化产品和电子商务集成概念进行系统结构设计的 CATIA V5,可为数字化企业构建一个针对产品整个开发过程的工作环境。在这个环境中,人们可以对产品开发过程的各个方面进行仿真,并能够实现工程人员和非工程人员之间的电子通信。产品整个开发过程包括概念设计、详细设计、工程分析、成品定义和制造乃至成品在整个生命周期中的使用和维护。

CATIA V5 是在一个企业中实现人员、工具、方法和资源真正集成的基础。其特有的"产品/流程/资源"(PPR)模型和工作空间提供了真正的协同环境,可以激发员工的创造性,使员工共享和交流 3D 产品信息以及以流程为中心的设计流程信息。CATIA 内含的知识捕捉和重用功能既能实现最佳的协同设计,又能释放终端用户的创新能力。除了 CATIA V5 的 100 多个产品,CATIA V5 开放的应用架构也允许越来越多的第三方供应商提供针对特殊需求的应用模块。

CATIA 软件源于航空、航天工业,为航空、航天、船舶、汽车、电力与电子和通用机械等制造领域提供 3D 设计和模拟解决方案。其特有的 DMU 电子样机(Digital Mock-Up,DMU)模块功能及混合建模技术更是推动着企业竞争力和生产力的提高。从化妆品的包装盒、火箭发动机到阵风(Rafale)战斗机和宽型的波音 747 飞机,CATIA 都提供了方便的解决方案,几乎覆盖了全部制造业产品。据统计,目前全球 CATIA 用户已超过 13 000 个。几乎所有的航空企业和著名的汽车企业都选择了 CATIA,例如法国达索飞机公司、美国波音飞机公司,以及克莱斯勒、宝马和奔驰等企业。在汽车工业领域,CATIA 是汽车工业的事实标准,是欧洲、北美和亚洲顶尖汽车制造商所用的核心系统。波音飞机公司使用 CATIA 完成了整个波音 777 的电子装配,创造了业界的一个奇迹,从此也确定了 CATIA 在 CAD/CAE/CAM 工业内的领先地位。

(二)CATIA V5 运行环境

(1)硬件环境:运行 CATIA V5 时,所用计算机 CPU 应该至少等同于 I3,推荐等同于 I5 的 CPU;运行内存不低于 2 GB;推荐采用独立显卡,显存在 512 MB 以上;硬盘存储空间预留 5 GB 以上；推荐使用三键鼠标。

（2）操作系统：推荐使用微软公司的 Windows Vista、Windows XP、Windows 7、Windows 10 或 Windows 11 操作系统。CATIA V5 对应的软件版本有 32 位和 64 位两种。

（三）CATIA V5R21 主要功能模块

1. 零件设计（Part Design）

零件设计模块（ ⚙ ）用于利用草图拉伸、扫描和基本形体元素形成复杂 3D 几何模型，操作界面直观、灵活。CATIA V5 一般实体建模有两种模式：一种是以草图（Sketch）为基础，建立基本的特征（例如旋转、扫掠、拉伸等），再通过添加修饰特征等创建复杂实体，让平面图形成为三维实体；另外一种是以基本形体（如立方体、球体等）为基础，通过将并、交、差等布尔运算相组合，生成最终实体零件。

2. 装配设计（Assembly Design）

装配设计模块（ ⚙⚙ ）可以使设计师建立并管理基于 3D 零件的机械装配件。装配件可以由多个主动或被动模型中的零件组成。零件间的接触自动地对连接进行定义，方便了对 CATIA 运动机构产品的早期分析。基于先前定义零件的辅助零件定义并依据其之间的接触进行自动放置，可加快装配件的设计进度。后续可利用此模型进行进一步的设计、分析、制造等。

3. 线框和曲面设计（Wireframe and Surface Design）

线框和曲面设计模块（ ▷ ）主要是利用点和曲线来构建三维物体的外形骨架，曲面模型架构是在线框的基础上增加了曲面。曲线和曲面的数学表达方式分别为贝赛尔曲线和 NURBS 曲线。该模块具有强大的曲面、线框类元素生成能力，可以进行复杂的零件外形设计，是实现混合建模的重要手段，丰富了 CATIA 的实体造型能力。

4. 航空钣金设计（Aerospace Sheetmetal Design）

航空钣金设计模块（ ✋ ）是 CATIA 针对航空钣金件开发的专有设计模块，为飞机结构中大量的钣金件提供了一个理想的设计平台。该模块可以满足航空航天行业钣金零件设计师的需求，提高成形件及展开件的设计效率，改善设计质量。同时它也可以捕捉公司的设计知识，包括设计和制造约束等。该产品还提供了一个专用于航空钣金零件的预定义特征编目。

5. 创成式外形设计（Generative Shape Design）

创成式外形设计模块（ ▨ ）是线框和曲面造型功能的组合，为用户提供了一整套应用广泛、功能强大、使用方便的工具集，以建立和修改用于复杂外形设计所需的各种曲面。创成式外形设计是一种基于特征的设计方法，采用了全相关技术，而且在设计过程中还能有效地捕捉设计者的设计意图,因此极大地提高了设计质量与效率,并为后续设计更改提供了强有力的技术支持。

6.草图跟踪器(Sketch Tracer)

草图跟踪器模块( )可通过插入产品的三视图或照片描绘出基本外形曲线。在该模块中插入正向视图,可与其他模块配合描绘出产品的 2D 或 3D 图。

7.3D 实用尺寸和公差标注(3D Functional Tolerancing & Annotation)

3D 实用尺寸和公差标注模块( )方便了精确实体及近似实体模型的公差指定。该模块可自动地建议在与装配实际说明相一致的地方标注公差,并能提出与所选择曲面相吻合的公差类型。3D 实用尺寸和公差标注产品对整个公差标注的质量提高大有帮助,并通过避免过于严格的公差要求降低生产成本。同时该模块支持有关公差规则和语法的国际标准。

8.工程绘图 (Drafting)

工程绘图模块( )是 2D 线架和标注(2D Wireframe & Annotation)产品的扩展。工程绘图模块可帮助绘图员更方便地生成工程图样。该模块提供了全套的绘图工具,可用于文本注释、尺寸标注、客户化绘图标准、2D 参数化设计以及 2.5D 视图定义等。

9.数控加工(NC)

数控加工模块( )用来定义和管理数控加工程序,使应用三维线框或实体造型设计完成的零件能用 2.5~5 轴的数控加工技术加工出来。它提供了便于应用和学习的图形界面,非常适合面向生产现场的情况使用,可很好地满足办公室编程的需要。

CATIA 数控加工模块包括车削加工(Lathe Machining)、2 轴半(2.5 轴)铣削加工(Prismatic Machining)、曲面加工(Surface Machining)、高级加工(Advanced Machining)、NC 加工审视(NC Manufacturing Review)、STL 快速成型(STL Rapid Prototyping)等部分。

10.DMU 运动机构模拟(DMU Kinematics Simulator)

DMU 运动机构模拟模块( )可使用户通过真实化仿真设计并验证机构的运动状况。它可以基于新的或现有的零件几何,对运动机构建立许多 2D 和 3D 连接,来分析加速度、干涉、速度、间隙等。

11.实时渲染(Real Time Rendering)

实时渲染模块( )主要用于修改各材料的照明效果、纹理属性、渲染参数等。主要内容包括环境设置、光源管理、视角管理、动画管理、材质、纹理和贴图编辑等。

实时渲染允许定义在整个产品开发过程中共享的材料规格,还允许将材料映射到零件和产品中以产生真实感渲染。用户可以创建和操作材料、光源以及环境,并可以立即查看所有修改、动态渲染和动画结果。

12. 知识工程顾问(Knowledge Advisor,KWA)

知识工程顾问模块( )允许设计师捕捉知识并且进行重用。用户能够在任何时候嵌入公式、规则、回应和检查等;通过基于规则的设计尝试得到最佳的结果;实现产品设计自动化,降低重复的风险与成本。作为一个完整的产品,知识工程顾问模块能整合到其他产品中。

13. 目标管理器(CATIA Object Manager)

目标管理器模块是 CATIA V5 中的一个核心组件,提供了 CATIA V5 的所有产品和配置的用户功能,提供了所有产品人机对话和显示管理等所必需的公共功能和整个基础架构,使所有产品共用统一的界面环境。

第四节　　DELMIA 简介

(一)DELMIA 概述

DELMIA(英文全称为 Digital Enterprise Lean Manufacturing Interactive Application,中文含义为数字化企业的互动制造应用)是一款数字化企业的互动制造应用软件。DEL-MIA 提供目前市场上最完整的 3D 数字化设计、制造和数字化生产线解决方案。其涵盖了飞机设计、制造及维护过程中的所有工艺设计,使用户能够利用 3D 设计模型完成产品工艺的设计与验证。因此,其在航空、航天、汽车、造船等领域得到了广泛应用,例如波音、空客、成飞、西飞、上飞以及奥迪、奔驰和宝马等企业。

DELMIA 软件主要由工艺工程师(DELMIA Process Engineer,DPE)、数字化制造工艺(Digital Process of Manufacturing,DPM 或 V5)和离散事件仿真工具 (the Queuing Event Simulation Tool,QUEST)三大部分组成,并由许可证(License)分别控制各部分。

DPE 是一个基于数据库的系统,用于工艺和资源规划的应用环境,管理带配置信息的物料清单(Bill Of Material,BOM)和产品结构等。QUEST 用于流程模拟与分析,建立正确性与盈利能力的完整 3D 数字工厂环境。DPM 利用数字样机的三维数据,实现在三维基础上的 3D 工艺规划,并对零件的加工过程、产品的装配过程、生产的规划过程进行 3D 模拟并验证。因此,本书主要讲解 DELMIA V5 模块。

(二)DELMIA V5 的主要功能模块

1. 数字化制造工艺(DPM)

DPM 模块( )可以提供工艺细节规划和验证应用的环境,能够对产品、工装的三维模型及已结合 DPE 设计好的工艺流程进行数字化装配过程的仿真与验证,从而真实反映产品从零件到装配,到工位,到流水线,再到工厂的生产过程,直观分析产品的可造性、可达性、可拆卸性和可维护性。

2.数字样机

DMU 模块( )提供了一套完整的 3D 数字化设计、制造和数字化生产线解决方案。它特别强调以工艺为中心的技术,针对用户的关键性生产工艺,实现全面的制造解决方案。

3.工厂布局和机器人(Factory Layout & Robotics)

工厂布局和机器人模块( )主要用于控制车间与流水线的布局和机器人的操作。一般可以使用其中的设备生成(Device Build)来建立能够在 DELMIA 中使用的机械装置,可以定义其活动的范围、初始位置等。

4.人机工程(Ergonomics)

人机工程模块( )可以先按照用户要求建立起不同性别、不同比例的人体模型(其中有详细的人体分析),再对人体的各种主要工作进行动作模拟,如可以模拟人在不同工作姿态下的舒适程度和活动范围。

5.离线编程(Offline Programming)

DELMIA V5 提供了强大的离线编程模块( ),允许用户在不干扰实际生产环境的情况下对机器人工作单元进行设计、验证和编程。该功能可通过提供一个 3D 协作环境,使用户定义带有工具和其他辅助设备的机器人工作单元,并对机器人进行编程和优化。

第二章　飞行器零部件三维建模基础

第一节　概　述

智能制造是未来航空制造业发展的趋势。三维建模技术是飞行器智能制造的核心技术之一。三维建模技术可以精确构建飞行器零部件的三维结构,并对其进行编辑、修改和优化,还可以提高飞行器结构的设计效率和性能。其正迅速地改变着传统飞行器制造业的工作模式。二维工程图和三维建模软件是飞行器零部件建模的第一手资料和工具。飞行器零部件工程图识读和三维建模软件操作是对建模工程师能力的首要要求。飞行器结构大都是薄壁空间结构,零件种类繁多、结构复杂,建模过程需要完善、规范。为此,本章将详细介绍飞行器零部件识图基础、飞行器零部件建模规定及常用三维建模软件的基本操作。

第二节　飞行器零部件识图基础

识读飞行器结构图纸,获得飞行器结构的构成、尺寸、形状和结构件之间的装配关系等,是实现飞行器零部件高效、精确三维建模的前提,也是实现飞行器零部件设计、装配和虚拟制造的关键基础。

目前,全球飞行器制造领域还没有统一的飞行器结构图纸画法。例如:美国波音飞机图纸是按第三角投影画法绘制的,而空客飞机则是按第一角投影画法绘制的。为了更好地完成不同飞行器的零部件建模,有必要掌握不同国家飞行器结构图纸的识读方法,特别是欧美国家的飞行器结构图纸。本章以波音飞机结构图纸为例,介绍飞机结构图纸系统的组成、图纸类型、图纸零件清单的内容,以及图纸上的常用符号、代码和注释等。

(一)第三角投影认知

根据国家制图标准,我国的工程制图采用第一角投影画法,其投影关系为"人—物—面";而有些国家(例如美国、加拿大和日本等国家)采用第三角投影画法,其投影关系为"人—面—物"。这两种画法都使用正投影原理绘制,即"长对正、高平齐、宽相等"。这两种画法的主要区别是基本视图配置的位置不同(见图 2-1),因此,投影展开后得到的 6 个基本视图的配置关系不同(见图 2-2)。ISO(国际标准化组织)标准规定第一角投影画法与第三角投影画法等效。

为了便于交流,不致引起误解,当第一角投影画法和第三角投影画法并存时,需要在图纸标题栏中用规定的符号标明该图纸采用的是哪种画法。第一角和第三角投影画法的标记符号如图 2-3 所示。

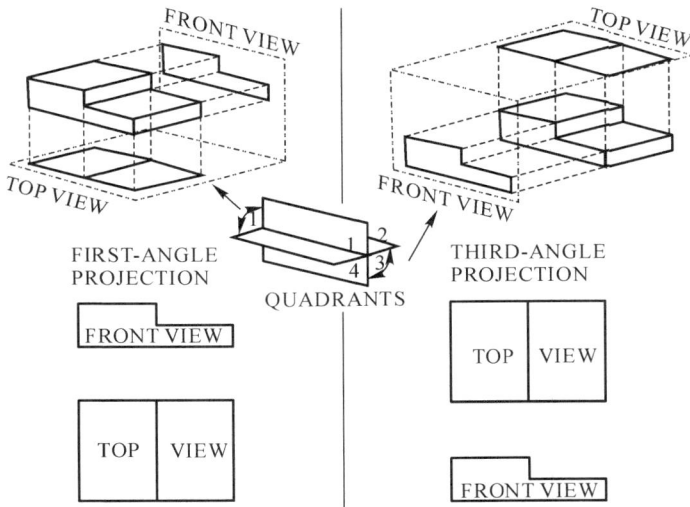

TOP VIEW—俯视图；FRONT VIEW—主视图；QUADRANTS—象限；FIRST-ANGLE PROJECTION—第一角投影；
THIRD-ANGLE PROJECTION—第三角投影

图 2-1　第一角投影画法与第三角投影画法工件位置关系对比

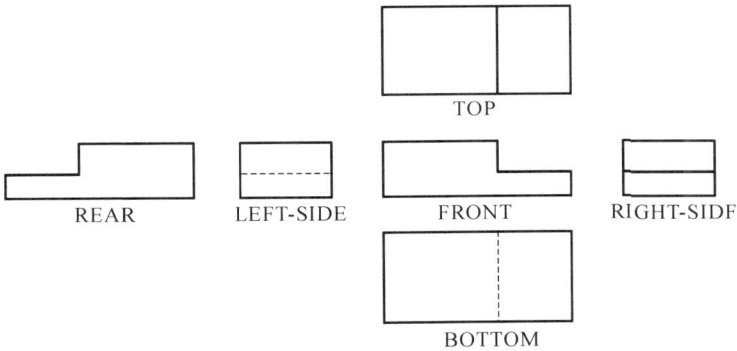

REAR—后视图；LEFT-SIDE—左视图；TOP—俯视图；FRONT—主视图；
BOTTOM—仰视图；RIGHT-SIDE—右视图

图 2-2　第三角投影画法的 6 个基本视图

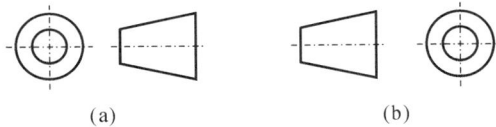

(a)　　　　　　　　　　(b)

图 2-3　第一角和第三角投影画法的标记符号

（a）第一角投影画法；（b）第三角投影画法

(二)飞机结构图纸认知

1. 飞机工程图的组成

波音公司在制造飞机的过程中,需要用到生产图(Production Drawings)、工具图、电气线路图、布线图、逻辑图、模线图和结构(件)图解示意图等各种图纸,这些图纸构成了波音飞机工程图纸体系。这些图纸也可以总称为波音飞机工程图纸。

2. 飞机结构图纸的类型

波音飞机生产图是按正投影原理绘制并且按第三角投影体系配置的。生产图用于提供飞机零部件的制造、安装和装配等信息。波音飞机生产图中主要用于表达飞机结构的图纸,常称为飞机结构图纸。飞机结构图纸又分为零件图、组件图和装配图3种类型。

(1)零件图(Detail Drawings)是由图纸页(Picture Sheets)表示出的制造单个零件所需的全部信息资料。有的零件图还有零件清单(Parts List)。

(2)组件图(Assembly Drawings)由图纸页和零件清单两部分组成。它主要用于表达两个或两个以上零件的连接组合与装配,也能表达单个简单零件的制造信息。

(3)装配图(Installation Drawings)也是由图纸页和零件清单两部分组成的。它主要用来表达零件和组件在飞机上的位置及安装,也能表达简单零件和组件的信息。

3. 飞机结构图纸类型的识别

波音飞机结构图纸类型通常通过图纸标题栏中的图纸(零部件)名称进行识别。如果图纸标题栏中的零件名称中没有出现"ASSEMBLY"或"ASSY",以及"INSTALLATION"或"STALL"字样,则该图就是零件图;如果图纸标题栏中的零件名称中出现"ASSEMBLY"或"ASSY"字样,则该图就是组件图;如果图纸标题栏中的零件名称中出现"INSTALLA-TION"或"STALL"字样,则该图就是装配图。

4. 飞机工程图纸的作用

由飞机制造公司工程设计部门设计出的飞机工程图纸主要有以下几个作用:

(1)准确地描述和表达零部件。

(2)指导制造者正确地制造、组装和安装零部件。

(3)用于订购原材料和零部件等。

(4)提供飞机制造公司保存的正确的、永久的完工记录,同时也是飞机在制造出厂时的基本构型记录[飞机出厂以后完成补充型号合格证(Supplemental Type Certificate,STC)、服务通告(Service Bulletin,SB)或改装以后,图纸一般不会进行修改]。这项工作是政府适航当局所要求的。

(5)规定了公差,使得制造和检验能够确认零部件满足规定的要求。

(6)给出测试零部件所需的相应规范。

(7)为客户提供飞机技术资料以便维护和修理。

5. 飞机结构图纸的识读

波音飞机结构图纸都由图纸页和零件清单组成。

(1)图纸页(Picture Sheets)。

图纸页为图纸系统的图形说明部分,用于表达零部件的形状特征、零部件的尺寸、零件或者组件之间的装配关系和安装位置等。图纸页上绘有足够数量的平面视图,配以尺寸、公差和标注符号等以充分而又清晰地表达零部件。图纸页可能只有一页,也可能有多页。当图样需要多于一张图纸表达时,该图纸就称为多页图纸。通常,如果一个零部件太大或者太复杂,在一页图纸上画不下,可采用多页图纸。多页图纸以图纸的先后顺序在标题栏中用数字标出,如 SH 1、SH 2、SH 3 等,如图 2-4 所示。

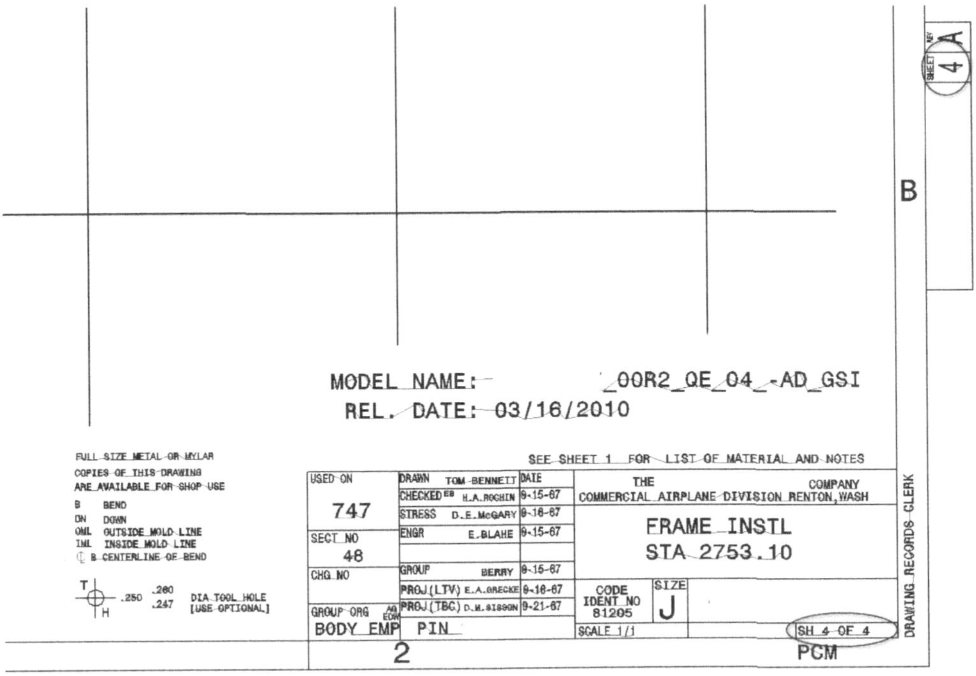

图 2-4　多页图纸标题栏

图纸页的内容与我国图纸类似,主要包括标题栏、绘图区等图纸信息,具体如下:

1)标题栏。

标题栏包含图纸的主要信息和图纸名称,且位于图纸页的右下角。识读图纸,通常应最先查看标题栏。常见的标题栏如图 2-5 所示。

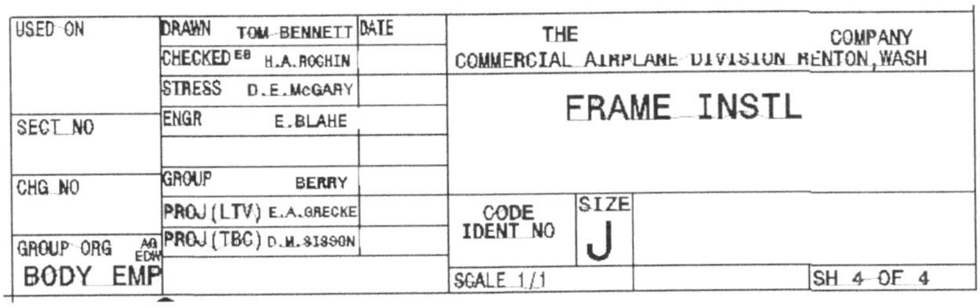

图 2-5　标题栏

标题栏通常包括图号、图纸名称、图幅尺寸、署名、图纸页码、绘制比例和更改号等内容。

2)图纸编号。

波音商用飞机部先后设计了两种图纸编号系统。一种是无规律的图纸编号系统,称作

"无意义图纸编号系统"(Non-Significant Numbering System),用于波音早期制造的飞机。另一种是基于波音飞机结构分类文件而开发的有规律的图纸编号系统,称作"有意义图纸编号系统"(Significant Numbering System),应用于目前设计的飞机。

无意义图纸编号系统以 6 开头的 8 位字码表示图号,其所编图号的结构如图 2-6 所示。

```
6   X   X   XXXXX
                └──── 序列号
            └──────── 飞机型号或机构名称代码
        └──────────── 图幅大小或图纸型号
    └──────────────── 波音公司商用飞机部
```

图 2-6 无意义图纸编号系统

有意义图纸编号系统采用 8 位字码表示图号,其所编图号的结构如图 2-7 所示。

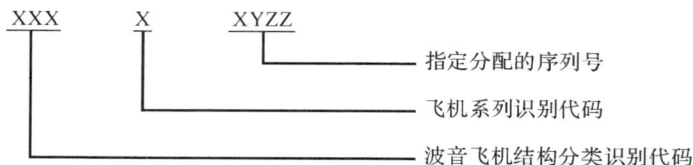

```
XXX     X     XYZZ
                └──── 指定分配的序列号
          └────────── 飞机系列识别代码
    └──────────────── 波音飞机结构分类识别代码
```

图 2-7 有意义图纸编号系统

3)绘图区。

在图纸绘图区,根据所表达零构件的具体情况,采用一组恰当的视图、一组完整的尺寸以及必要的形位公差和技术要求等绘制出零件图、组件图或者装配图,以充分、详细地表达飞机结构零件、组件和部件的制造和装配。

(2)零件清单(Parts List,PL)。

零件清单(见图 2-8)为结构图纸的文字说明部分。其主要包括零部件代号、名称和数量,制造该零部件所需的数据、旗标和通用注释,标准图注释,查找图纸对应的分区码,含有该零部件的上一级组件等内容。

所有的零件清单都包含以下信息:该结构件用在哪里,用多少次;该结构件是什么;该结构件是如何制造、组装和(或者)装配的;在图纸页上没有表达清楚的特殊注释和信息;等等。

(3)波音飞机结构图纸绘图的一般规定。

1)图线标准。

波音飞机结构图纸绘制所用的图线已标准化,且与我国机械工程制图图线的标准和用法基本相同,因此在此不赘述。

2)零件标注。

零件标注用来识别图纸页上的不同零件。在图纸页中,零构件用其件号标注。图纸页中的一些主要结构件只用子号标注,即用"-+数字"的形式表示,子号一般标于主视图的下方,如图 2-9 所示。其他非自身图纸上的零件件号需要用完整的件号表示,即"图号+子号"。

3)参考标注号。

图纸中有些零构件用细双点画线画出,仅在读图时起参考作用,这些零件用参考标注号表达。参考标注号为："图纸号＋(REF)"(见图 2－9)。

4)对称件标注。

飞机上有许多对称(镜像)的零件,例如左右对称的零件。过去,在一张人工绘制的图纸页上通常绘出左件,该图示零件被指定以带杠奇数来表示,而对称的零件(右件)则以下一个可用的带杠偶数表示。对称件在图纸中用 OPP 表示。

图 2－8　某飞机零件清单

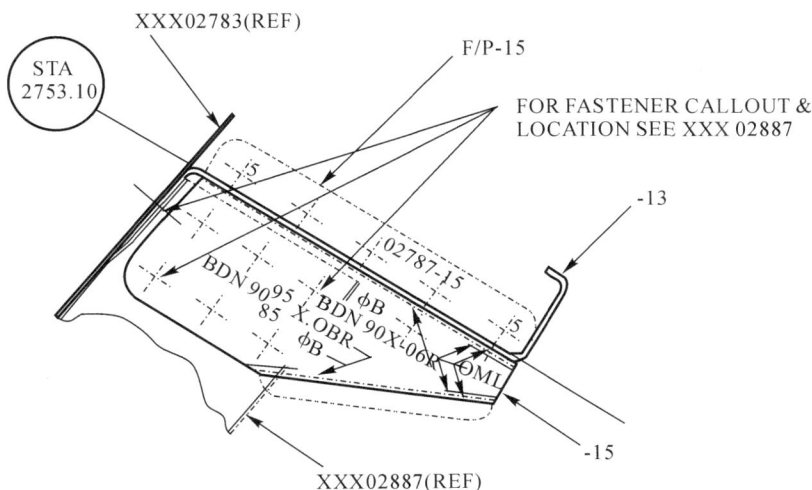

图 2－9　飞机零件标注示例

5)绘图符号。

飞机结构图纸上常常用一些简单的符号或者规定的画法来分别表达某种含义,以使图纸简洁易读。波音飞机绘图时常用的符号、含义及其应用如表2-1所示。

表 2-1　飞机结构常用的绘图符号及含义

名称	符号	说明及应用	图例
中心线	℄	用于表达物体的中心轴线或者对称中心平面	STRUT WL 97 ℄ ENGINE
旗标		在旗标符号内标注数字、字母或者符号,用于表达旗标箭头所指处的标记,其详细说明在零件清单中描述。注意:字母或符号仅在特殊场合应用	NAG 1304-ISO NAG 43DCM-19(2) AN 960 D416 AN 310-4 MA 24665-153 DNSTALL COTTER PIN PER BAC 5018
方向指标	UP INBD FWD	表明视图或者某零构件相对于飞机坐标的方位	VIEW A-A UP FWD
紧固件位置	+		
直径 5/32 紧固件位置	+5	表示紧固件孔位置、紧固件类型和紧固件直径等	XD|5 + + + XD|5
铆钉符号	XD|5		

续表

名　称	符　号	说明及应用	图　例
坐标孔	⊕K	坐标孔用于安装零件、组件或者装配	
配合坐标基准面	Ⓢ	用于协调重要零部件以及加工的参考基准面	
工艺孔	T⊕H	定位孔,在制造零部件的加工过程中保持零部件定位	
站位	STA 2764.2	用于表示机身站位(STA)、水线站位(WL)、纵剖线站位(BL)	
限制松动	00▷	限制松动,参见组件明细清单对松动的要求	

6)紧固件代号。

波音飞机结构图纸上的紧固件包括永久紧固件和可拆卸紧固件两大类,不同紧固件表示方法不同。

a.铆钉和其他永久紧固件。

铆钉和其他永久紧固件,包括锁螺栓,在图纸上用代号标出。紧固件代号表示紧固件孔的位置和该位置安装的紧固件类型,如图 2-10 所示。

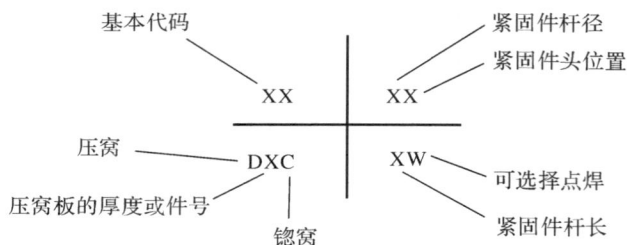

图 2-10　紧固件代号的表达形式及其含义

紧固件代号包括以下部分:

➤ 基本代码,由两个或者三个字母代码表示紧固件的类型、头型。当该处的字母被线条框住时表示该紧固件安装时要求液密,否则就是普通型。

➤ 紧固件的直径,用数字表示,以(1/32)in(1 in＝2.54cm)为单位。

➤ 紧固件头位置指紧固件头安装位置。字母"N"表示近端,即紧固件头安装在图纸所示的靠人的近端;字母"F"表示紧固件头安装在远端;若无字母,则表示紧固件头的方向可任意选取。

➤ 紧固件埋头窝的制作要求:字母"D"表示压窝,"C"表示锪窝;

➤ 紧固件长度或者铆接厚度,用数字表示,以(1/16)in 为单位。

b.可拆卸紧固件。

可拆卸紧固件,诸如螺栓和螺帽,在图纸上不用紧固件代码表示。对其只用十字中心线表示紧固件孔的位置并且使用一个完整的件号标注。

7)尺寸标注。

在波音飞机结构图纸中,尺寸标注与我国机械制图尺寸标注的区别不大,故在此不赘述。不同的是直径用符号"DIA"或者"Φ"表示,公差不但有通用公差,有时还用到特定公差,特定公差在视图上的特定尺寸后方给出。

8)辅助视图。

波音飞机结构标准视图中不能清楚表达的部分,通常采用辅助视图进一步表达。辅助视图用指向平面的箭头表示视图的观察方向,用"带下标的数字＋字母"组合表示辅助视图的名称和放置位置,如图 2-11 所示。数字＋字母表示辅助视图的名称,下标表示辅助视图放置的位置。

9)区域视图。

在划分区域的图纸上,通常用所在区域的"数字＋字母"组合来标注视图及其名称。如果在同一个区域有几个视图,则可以在区域代码前加一个数字以示区别,除此之外,还在该视图标注名上加一个区域码下标,以表示该视图在哪个区域画出(见图 2-11)。

在采用多页图纸表达的情况下,有时在某图纸页上某处标注引出视图,该新视图不画在本页图纸上,而是画在另一页图纸页上。这时就需要在下标区域码的后面加上"-页码数字",以表示该视图所在的图纸页,如图 2-12 所示。

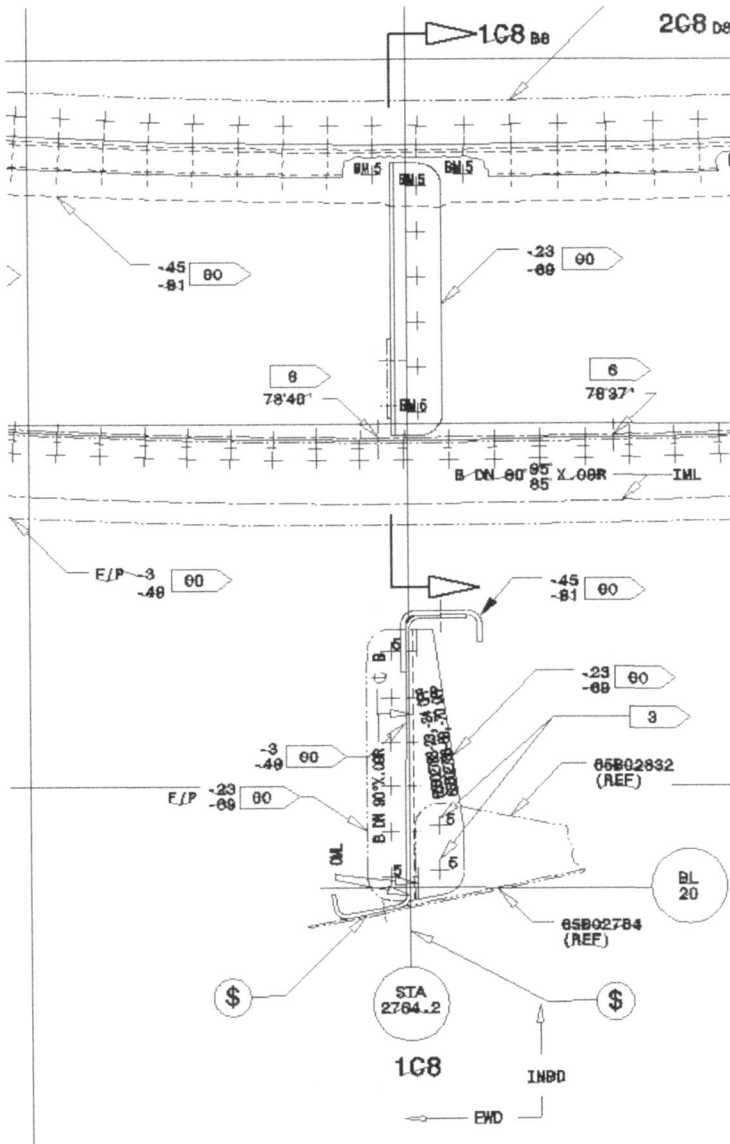

图 2-11　辅助视图的表达形式

（三）飞机结构零件图的识读

飞机结构零件图是制造飞机结构件的唯一依据。在一份零件图中,图纸页和零件清单一起给出制造零件所需的全部制造资料。一份零件图可能包含一个或者多个零件,但是每一个零件都是相互独立的。

1.零件图的内容

零件图的内容包括零件的尺寸和形状、公差配合、原材料尺寸和材料牌号、热处理、表面粗糙度、零件编号和标记说明、孔的位置、保护涂层、加工规范和标准、该零件将被用于的上一级结构件的图号等。

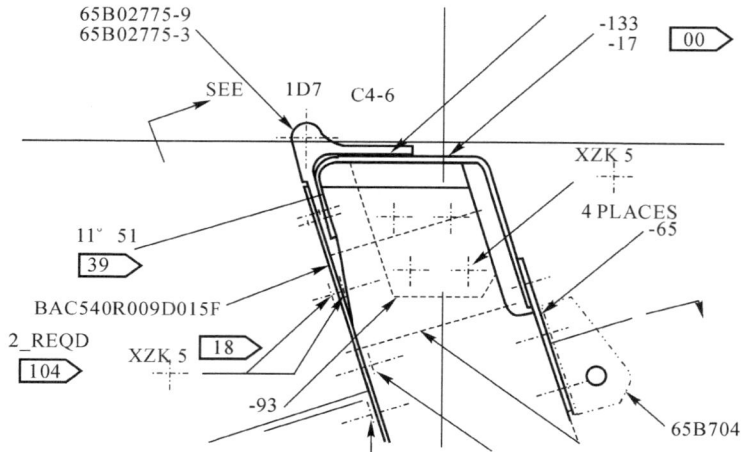

图 2-12　新视图不在本页的表达形式

2.零件图的识别

通过图纸标题栏中的零件名称,很容易识别零件图。假如名称标题出现"ASSEMBLY"或"ASSY""INSTALLATION"或"INSTL"字样,该图就不是零件图;反之,则是零件图,如图 2-13(细节可下载本章电子资源查看)所示。零件图不表示零件的位置、方位或者紧固方法。零件图可能给出有关紧固件最终安装在什么位置的信息,但不会给出紧固件本身的信息。

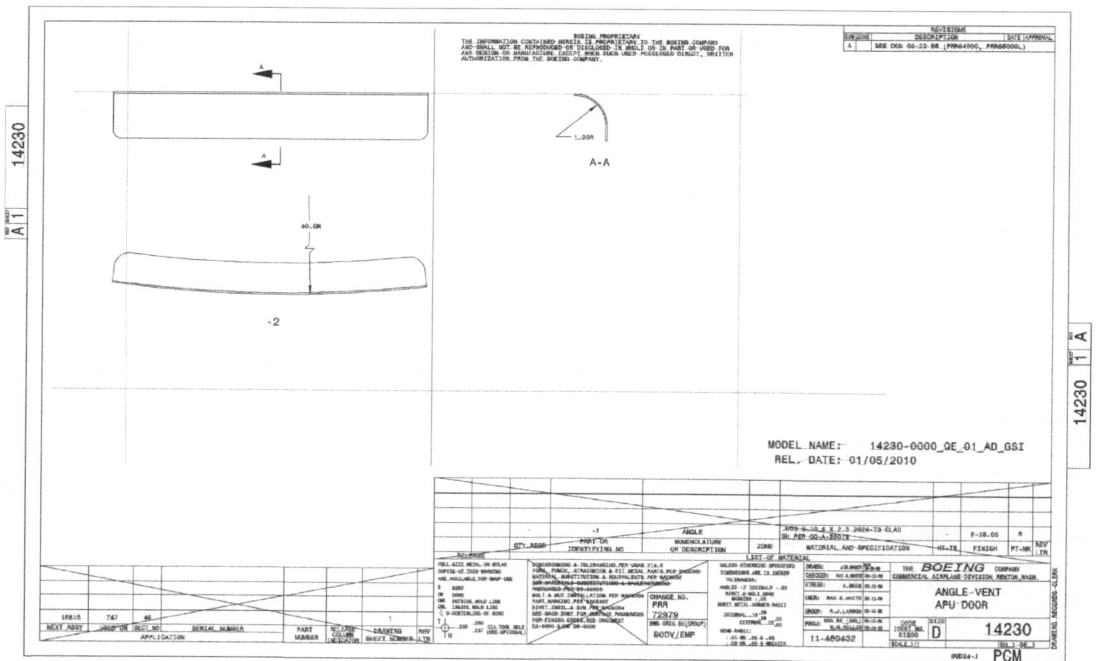

图 2-13　飞机结构零件图

3.识读飞机结构零件图的步骤

(1)根据零件清单,获取所要建模的零件的件号;

(2)根据零件件号确定图号,找出图纸;

(3)查找出对应图号的 PL 文件;

(4)查询 PL 文件获取零件信息(视图区域、材料等信息);

(5)如果是标准型材,根据 PL 文件获取的标准信息,查询标准(Specification),获知标准型材的截面尺寸;

(6)根据视图信息,进行零件建模。

(四)飞机结构组件图的识读

组件图用于表达两个或两个以上零件的连接组合与装配关系,组件图还可表达零件的信息。

1.组件图的内容

组件图主要包含零件清单、各零件装配在一起的方式(各零件之间的装配关系)、零件编号和标记说明、零件连接紧固方法、保护涂层、加工规范和标准、图中标记说明、含有该组件的上一级结构组件的图号等内容。

2.组件图的识别

通过图纸标题栏中的图纸名称来识别组件图。如果图纸标题栏的图纸名称中有"ASSEMBLY"或者"ASSY"字样,则该图纸为组件图。这里给出两个组件图的例子,其零件名称分别为"DOOR ASSEMBLY - CREW ENTRANCE"和"ROD ASSY - INBOARD,ELEVATOR CONTROL"。

如果欲在某组件图上详细表达某个零件,那么制造这个零件所需的全部信息都应该给出。另外,一份组件图也可以表达一个以上的组件。

(五) 装配图的识读

装配图主要用来表明零件和组件在飞机上的安装位置,装配图也可能用来表达零件和组件的信息资料。

1.装配图的内容

装配图包括零件清单、位置尺寸(相对于飞机结构)、件号和有效性零件连接紧固方法、工艺规范和标准,图中标记说明,含有该装配件的上一级装配件的图号等内容。

2.装配图的识别

通过图纸标题栏中的图纸名称,很容易识别装配图。如果图纸标题栏的图纸名称中出现"INSTALLATION"或者"INSTL"字样,则该图纸为装配图,如图 2 - 14(细节可下载本章电子资源查看)所示(零件名称为 LONGERON_ INSTL)。

假如某装配图上欲详细表达某个零件或者某个组件,则装配图会给出制造这个零件或者组件所需的全部信息。另外,一份装配图也可能表达一个以上的装配件。

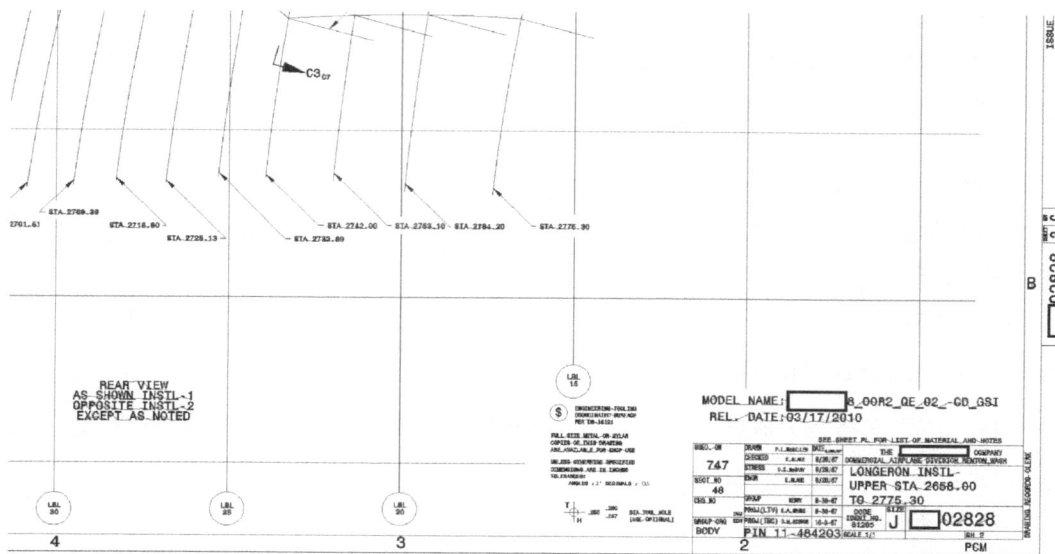

图 2-14　装配图示例

第三节　飞行器零部件三维建模规定

根据飞行器制造中的互换与协调要求,本书提出了飞行器零部件 CATIA 建模规定,具体如下所述。

(一)基本要求

钣金件优先选用 CATIA V5 中的 Generative Sheetmetal Design Workbench(创成式钣金模块)或 Aerospace Sheet Metal Design Workbench（航空钣金模块）进行建模。接头厚板类零件(如机械加工零件、锻件和铸件)选用零件设计模块进行建模。

模型以 mm 为单位,建模完成时仅显示实体模型。采用自顶向下的方式进行装配设计,铆钉孔、装配孔、导孔等信息在单独的数字模型中表示,命名为 24A032×××××。

(二)结构树内容说明

飞行器零件产品树包含零件图号、标准注释、零件描述、材料描述、设计依据、零件版次、零件类别、外部参考、辅助几何、零件附注、紧固件连接定义、标注集等 12 部分内容。标准产品树如图 2-15 所示。

(三)零件图号

零件图号栏外部标示应为零件的图号,内部为钣金件建模过程中采用的实体信息。图 2-16 所示 24A03210101 产品树中首项标题应为其图号:模型文件名与零件图号相同,文件扩展名为".CATPart"。零件图号(如 24A03210101)、模型编号(24A03210101)和模型文件名称(24A03210101)三者必须保证一致。

(四)标准注释

标准注释是对零部件产权的声明,不对产品进行描述,它仅包含管理和法律权利的数据(legal data),运行宏命令后自动生成,一般不需更改。标准注释栏统一注释内容如图 2 – 17 所示。

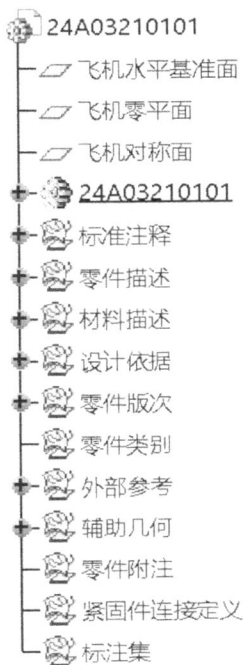

图 2 – 15　飞行器零件产品树

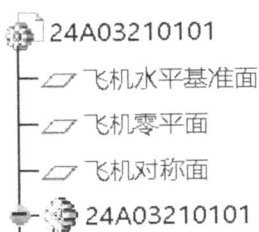

图 2 – 16　飞行器零件图号栏命名实例

图 2 – 17　标准注释栏内容

(五)零件描述

零件描述如图 2-18 所示,包括零件名称、是否对称件、对称性描述三部分内容。若零件不是对称件,在"是否对称件"栏中选"否","对称性描述"栏不填内容;若零件是对称件,在"是否对称件"栏选"是",必须填写"对称性描述"栏内容,例如 24A03210101 零件是对称件,则在"对称性描述"栏中填写:24A03210101 的对称件,24A03210101 中包含的制造和检验信息适用于 24A03210102 零件。对称件必须是完全对称,只要有某个元素左右不一样,则不能定义为对称件。在实际操作中可将已做好的零件另存,再做更改。

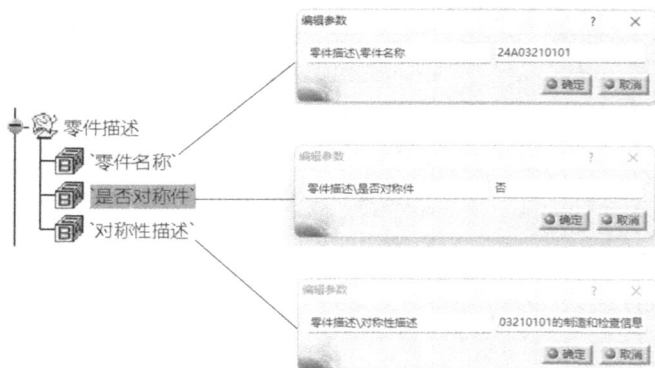

图 2-18 零件描述

(六)材料描述

材料描述包括材料牌号以及毛料尺寸。材料牌号从虚拟产品管理(Virtual Product Management,VPM)平台中的材料库中提取。毛料尺寸仅为工艺参考尺寸,由设计人员输入。材料密度、材料的着色要求在材料库中定义好。具体示例如图 2-19 所示。

图 2-19 材料描述

(七)设计依据

设计依据包括理论外形、理论图、单位内通知单(协调单)、技术问题登记本和设计更改建议五部分内容:

(1)"理论外形"栏填写引用的理论外形文件图号,若无引用不填写;

(2)"理论图"栏填写所引用的理论图图号,若无引用不填写;

(3)"单位内通知单(协调单)"栏填写设计该零件协调所用的文件号;

(4)"技术问题登记本"栏填写更改该零件所用的技术问题登记本文件号;

(5)"设计更改建议"栏填写批产后工艺等部门所提的设计更改建议文件号。

可增加"其他"栏,填充如设计规定等对零件设计起指导性作用的文件。设计依据具体示例如图 2-20 所示。

(八)零件版次

零件版次(见图 2-21)包括版本、签署信息、阶段标记、有效性和更改说明。版本、签署信息、阶段标记、有效性在 VPM 平台完成填写后再映射回模型,不需在模型中填写。"版本"栏为零件的最新版次;阶段标记按 Q/××××××填写,"有效性"栏填写零件当前版次的有效性;更改说明是对每次升版时更改内容、原因及适用版次的记录,要求内容填写简明扼要,若更改过多,可以改成"更改说明.1""更改说明.2"分条说明。

图 2-20　设计依据

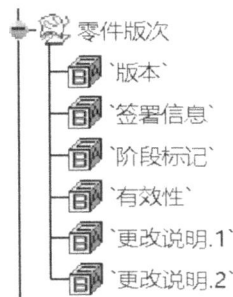

图 2-21　零件版次

(九)外部参考

外部参考(见图 2-22)用于放置基准面、理论外形等元素。建议引用发布的元素按特征集组织数据。

(十)辅助几何

辅助几何(见图 2-23)用于放置建模过程建立的点、线、草图、平面及曲面,过程元素尽量用中文命名,描述清楚。按特征集组织数据原则,自行创建几何图形集管理辅助几何元素。

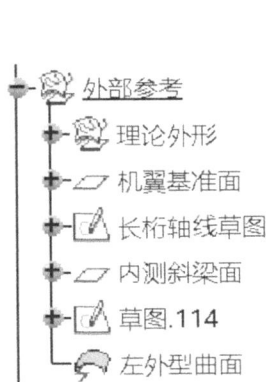

图 2-22　外部参考

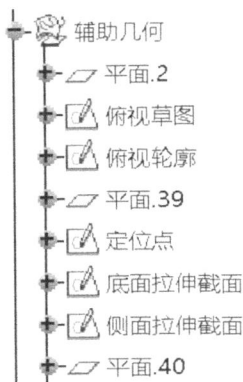

图 2-23　辅助几何

第四节　CATIA 三维建模基础

(一) CATIA 基本操作

本节主要介绍鼠标、指南针(罗盘)的使用方法和文件操作方法等。鼠标和指南针的应用是 CATIA 操作中最基本的操作,熟练使用鼠标、指南针和文件的创建、存取等功能,是提高绘图效率的有效途径。

1.鼠标操作

CATIA 推荐使用三键鼠标,对于带滚轮的双键鼠标,滚轮可代替鼠标的中键。其操作如下:

(1) 单击左键(简称单击),用于确定点的位置、选择作图区或特征树的对象、菜单或图标;

(2)单击特征树上的结点连线,切换图形的正常/变暗显示;

(3)按住【Ctrl】键并多次单击不同的对象,在作图区或特征树上选取多个对象;

(4)按住【Shift】键并多次单击不同的对象,在特征树上选取最后单击的两个对象之间的多个对象;

(5)单击右键(简称右击),弹出快捷菜单;

(6)单击中键,以指定点作为显示的中心;

(7)拨动滚轮,特征树上下移动;

(8)按住中键移动鼠标,改变图形对象的显示位置;

(9)按住中键和【Ctrl】键,若向上移动鼠标,则放大图形对象的显示比例,若向下移动鼠标,则缩小图形对象的显示比例;

(10)按住中键,再按住左键或右键,移动鼠标改变对图形对象的观察方向;

(11)双击某些图标,连续地调用该图标所对应的命令,直至按【Esc】键或单击一个图标结束;

(12)双击图形对象,弹出定义该图形对象的对话框,通过该对话框了解该图形对象的几何数据,也可以通过该对话框修改该图形对象的几何数据,例如图 2-24 所示为减轻孔对话框;

(13)按住【Ctrl】键,单击或拖曳窗口,可以连续地选择图形对象。

2.指南针操作

指南针也叫罗盘,位于 CATIA V5 工作界面的右上角,代表模型的三维坐标系。指南针随着模型的旋转而旋转,有助于用户建立模型的空间位置概念。

指南针的操作分为 5 种,分别是线平移、面平移、自由旋转、旋转和物体的移动。指南针的具体操作方法如下。

(1)线平移。选择罗盘上任意一条直线,然后按住鼠标左键并移动鼠标,则窗口中的视图将沿着直线的方向平移。

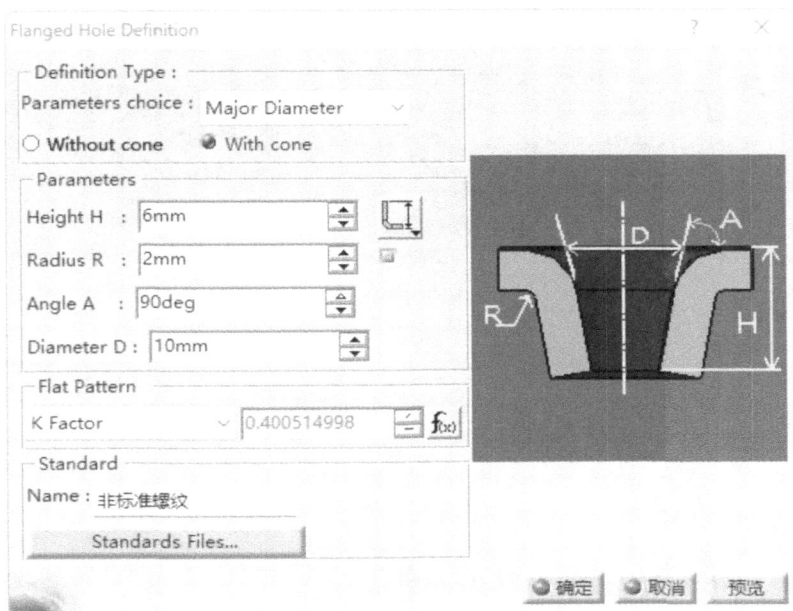

图 2 - 24　减轻孔对话框

　　(2)面平移。选择罗盘上任意一个平面,然后按住鼠标左键并移动鼠标,则窗口中的视图将在选定的平面上移动。

　　(3)自由旋转。选择罗盘 z 轴上的圆头,然后按住鼠标左键并移动鼠标,则罗盘和窗口中的视图一起旋转。

　　(4)旋转。选择罗盘中 xy 平面上的圆弧线,然后按住鼠标左键并移动鼠标,则罗盘会绕 Z 轴旋转。同样,在另外两个平面也适用。

　　(5)物体的移动。用鼠标左键按住罗盘上的红色方块,然后移动罗盘到想要移动的物体上,即可对物体进行平移或旋转。

　　3.文件操作

　　(1)新建文件。

　　单击图标 ▢ 或选择"文件"→"新建"菜单命令,弹出图 2 - 25 所示的"新建"对话框。在"类型列表"框中选择文件的类型,例如"Part",单击"确定"按钮,弹出如图 2 - 26 所示的"新建零件"对话框。输入新零件的名称,例如 24A03210201,进入零件设计模块。默认的文件名称为 24A03210201,类型为 CATPart。

　　如果选择"文件"→"新建自"菜单命令,则弹出"选择文件"对话框。以选择的文件为起点,进入所选文件类型的设计模块。

　　例如,建立新零件的文件名称为 24A03210201,类型为 CATPart,否则默认的新零件的名称为 PartX,类型为 CATPart。

图 2-25 "新建"对话框

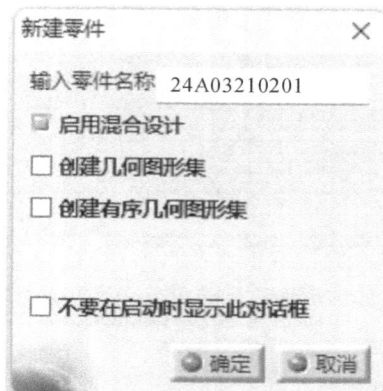
图 2-26 "新建零件"对话框

(2)打开已有的文件。

单击图标 或选择"文件"→"打开"菜单命令,弹出"选择文件"对话框,选择一个已有的 CATIA V5 支持的文件,单击"打开"按钮,即可打开该文件,进入该文件类型操作模块。

(3)保存文件。

1)保存已命名的文件。单击图标 或选择"文件"→"保存"菜单命令,即可保存文件。

2)以另外的名称保存文件。选择"文件"→"另存为"菜单命令,在随后弹出的"另存为"对话框中输入文件名称即可进行文件保存。

(二) CATIA 草图绘制简介

草图绘制是机械零部件设计的基础,CATIA 建模过程中所有零件的实体造型都要从草图开始。用户先在草图绘制模块中进行轮廓设计,勾勒出实体模型轮廓,然后再利用零件设计功能构造实体零件或曲面特征。草图绘制模块(Sketcher)主要由草图工具(Sketch Tools)、轮廓(Profile)、约束(Constraint)、操作(即草图修饰)(Operation)共 4 组菜单组成,如图 2-27 所示。本小节主要讲解如何在 CATIA V5 的草图工作平台上进行草图轮廓的绘制、约束和修饰。

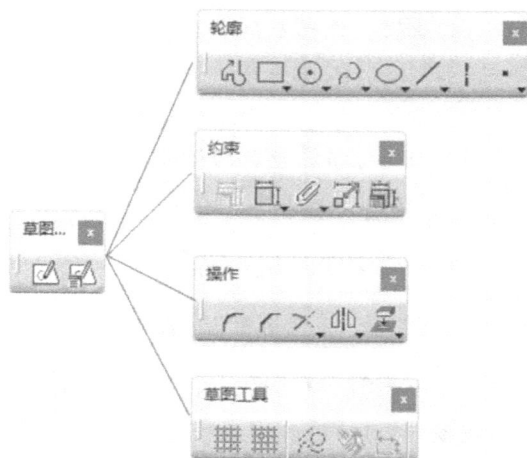
图 2-27 草图绘制模块

1.进入草图绘制工作台

草图绘制工作台是进行草图绘制的操作界面,也被称作草图绘制平台。利用草图绘制工作台能够完成草图轮廓线的设计工作。操作者可以按照以下步骤进入草图绘制工作台：

（1）单击开始（Start）→机械设计（Mechanical Design）→草图绘制器（Sketcher）命令，进入零件设计工作平台。

（2）点击草图绘制器上的草图工具按钮 ，然后选择一个绘图平面（xy、xz、yz、一个实体面）就进入草图绘制工作台了，如图 2-28 所示。

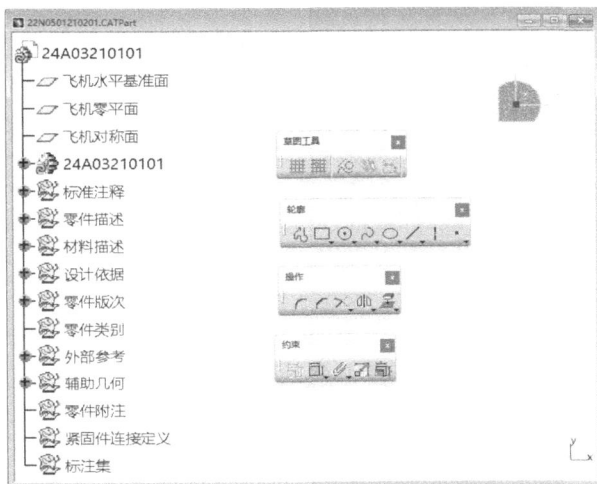

图 2-28　草图绘制工作台

（3）在 CATIA 的其他设计平台中单击草图工具按钮 ，也可以进入图 2-28 所示的草图绘制工作台。

（4）单击工作台工具栏上的退出工作台工具按钮 ，可以退出草图绘制工作台返回到原设计平台。

2.草图绘制工具栏

在草图设计过程中主要用到四个工具栏（见图 2-28），单击工具栏中相应按钮右下方的黑色倒三角，将展开 11 个工具栏。草图绘制工具栏提供了点、线和预定义轮廓线的绘制工具，以及对轮廓线进行约束、修饰等的工具按钮，可以通过这些工具绘制出需要的几何轮廓线，为后续实体零部件的设计打好基础。

（1）绘制连续轮廓线（Profile）。

通过"连续轮廓线"工具按钮 ，可以绘制连续的封闭的或非封闭的轮廓线。当绘制的轮廓线为封闭（指只用一次连续轮廓线命令绘制的封闭图形）的轮廓线时，系统自动退出连续轮廓线绘制命令；如果绘制非封闭轮廓线，按键盘上的【Esc】键或单击 CATIA 工具栏上的其他工具按钮，方可结束轮廓线的绘制。

(2)绘制预定义轮廓线(Parallelogram)。

通过"轮廓"工具栏上的"预定义轮廓"工具按钮 ▢，可以绘制各种预定义的封闭的轮廓。单击"预定义轮廓"按钮右下方的黑色倒三角，展开"预定义轮廓"工具栏。该工具栏包括 9 种封闭轮廓工具，如图 2-29 所示。

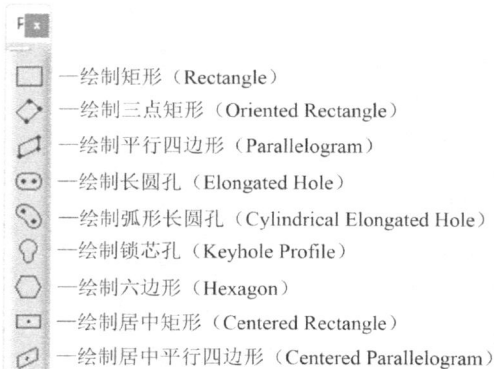

—绘制矩形（Rectangle）
—绘制三点矩形（Oriented Rectangle）
—绘制平行四边形（Parallelogram）
—绘制长圆孔（Elongated Hole）
—绘制弧形长圆孔（Cylindrical Elongated Hole）
—绘制锁芯孔（Keyhole Profile）
—绘制六边形（Hexagon）
—绘制居中矩形（Centered Rectangle）
—绘制居中平行四边形（Centered Parallelogram）

图 2-29 "预定义轮廓"工具栏

(3)绘制圆和椭圆。

通过"轮廓"工具栏上的"圆"工具按钮 ⊙，可以绘制出圆和各种圆弧轮廓线。单击"圆"工具按钮右下方的黑色倒三角，展开"圆绘制"工具栏。该工具栏包括 7 种圆和圆弧轮廓绘制工具，如图 2-30 所示。

—绘制圆（Circle）
—绘制三点圆（Three Point Circle）
—绘制坐标圆（Circle Using Coordinates）
—绘制三切圆（Tri-tangent Circle）
—绘制三点圆弧（Three Point Arc）
—绘制限制三点圆弧（Three Point Arc Starting with Limits）
—绘制圆弧（Arc）

图 2-30 "圆绘制"工具

(4)绘制样条曲线(Spline)。

CATIA V5 提供了两种样条曲线的绘制方法，单击"轮廓"工具栏上"样条曲线"工具按钮 ∿ 右下方的黑色倒三角，展开"样条曲线绘制"工具栏，该工具栏提供了"绘制样条线"和"绘制连接线"两个工具，如图 2-31 所示。利用该工具可以绘制出不规则的曲线。

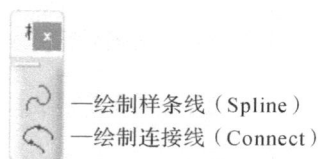

—绘制样条线（Spline）
—绘制连接线（Connect）

图 2-31 "样条曲线绘制"工具栏

（5）绘制二次曲线（Conic）。

单击"轮廓"工具栏上的"椭圆"工具按钮 ⬭ 右下方的黑色倒三角，可以展开"二次曲线绘制"工具栏。该工具栏包括椭圆、抛物线、双曲线、圆锥曲线四种二次曲线绘图工具，如图 2-32 所示。利用该工具可以绘制出规则曲线。

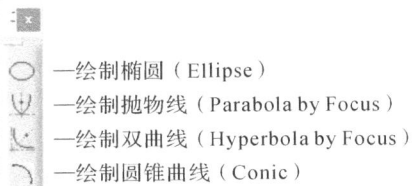

- ⬭ —绘制椭圆（Ellipse）
- ⋃ —绘制抛物线（Parabola by Focus）
- ⟍ —绘制双曲线（Hyperbola by Focus）
- ⌐ —绘制圆锥曲线（Conic）

图 2-32　"二次曲线绘制"工具栏

（6）绘制直线（Line）。

直线是几何元素中一个最基础的元素，也是草图绘制工具中最基础的工具。单击"轮廓"工具栏上"直线"工具按钮 🖊 右下方的黑色倒三角，可以展开"直线绘制"工具栏，如图 2-33 所示。该工具栏包括直线段、无限长直线、双切线、角平分线和曲线的法线 5 种直线的绘制方法。

- ╱ —绘制直线段（Line）
- ╱ —绘制无限长直线（Infinite Line）
- ╳ —绘制双切线（Bi-Tangent Line）
- ⤢ —绘制角平分线（Bisecting Line）
- ╱ —绘制曲线的法线（Line Normal to Curve）

图 2-33　"直线绘制"工具栏

（7）绘制轴线（Axis）。

"轮廓"工具栏上的"轴线"工具按钮 ┆ 用于生成轴线，生成方法与直线段的生成方法相同。在绘制草图中，关于轴线要注意以下几点：

1）每个草图只能创建一条轴，如果试图创建第二条轴，则所创建的第一条轴将自动变换成构造线。

2）如果在启动轴之前已经选择了一条直线，则该直线将自动变换为轴。

3）轴无法转换为构造元素。

（8）绘制点（Point）。

单击"轮廓"工具栏上"点"工具按钮 ． 右下方的黑色倒三角，可以展开"点绘制"工具栏,如图 2-34 所示。该工具栏包括"通过单击创建点"、"使用坐标创建点"、"创建等分点"、"创建交点"和"创建投影点"5 种点的生成方法。

—通过单击创建点（Point by Clicking）
—使用坐标创建点（Point by Using Coordinates）
—创建等分点（Equidistant Points）
—创建交点（Intersection Point）
—创建投影点（Projection Point）

图 2-34 "点绘制"工具栏

3.约束草图

约束草图是指一个几何元素相对于草图中其他几何元素产生一种相互限制的关系。在 CATIA V5 的草图绘制过程中,利用约束功能,可以便捷、准确地绘制或编辑图形。草图的约束分为几何约束、尺寸约束、接触约束和固联约束四大类,如图 2-35 所示。草图约束可以手动创建,也可以智能拾取。

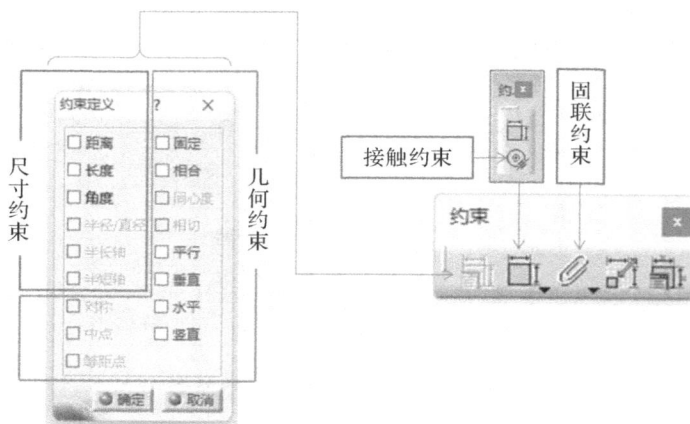

图 2-35 草图约束

（1）网格约束。

通过"草图编辑器"选项卡中的"点捕捉"复选框（见图 2-36）,可以智能捕捉到网格的交点与曲线的端点。其具有几何约束的功能,用于辅助完成特定需求曲线的绘制。

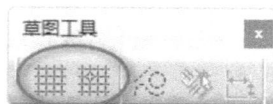

图 2-36 网格约束

（2）智能拾取。

1）智能拾取功能。

智能拾取是在绘制草图过程中，CATIA 根据操作者所绘几何元素进行分析而自动生成约束的工具，用于尽可能简化草图编辑器中的创建和编辑任务。智能拾取动态检测以下几何约束：支持直线和圆、对齐、平行、垂直、相切、同心、水平和垂直、中点，如图 2 - 37 所示。

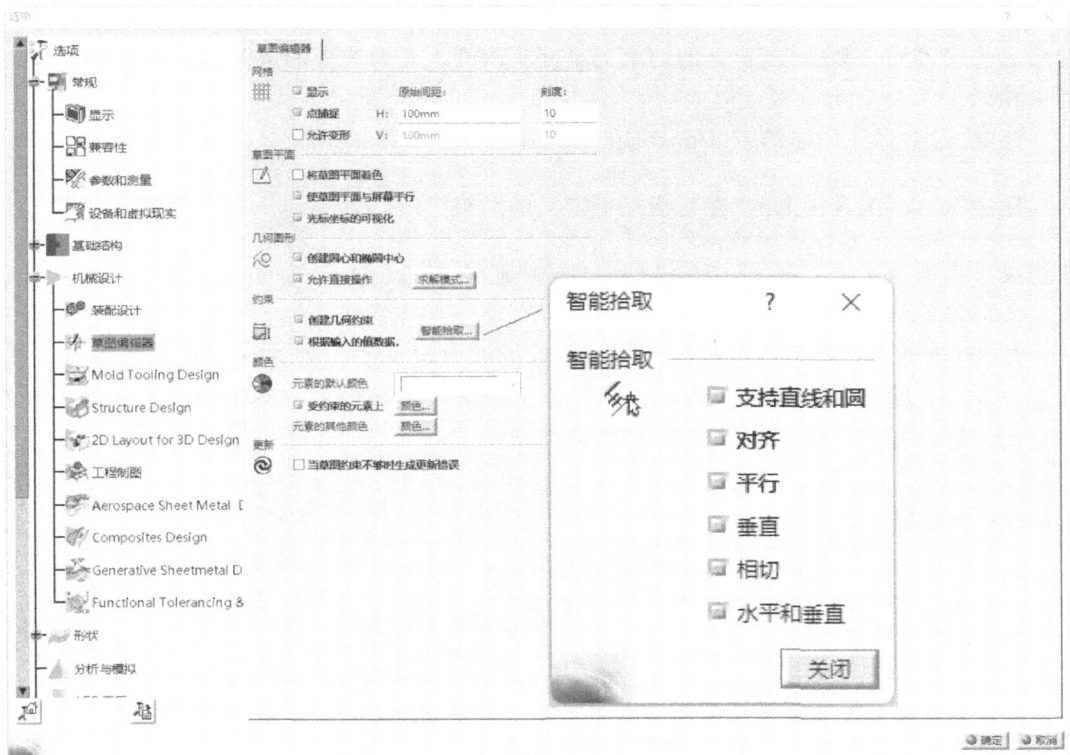

图 2 - 37　智能拾取

2）打开或关闭智能拾取状态。

CATIA V5 草图绘制过程中"智能拾取"设置的默认状态为"启用"状态。如果要关闭智能拾取功能，只需按住【Shift】键操作即可。如果关闭了"智能拾取"对话框中的全部复选框，就关闭了智能拾取状态。

（3）尺寸约束。

1）尺寸约束概述。

尺寸约束的作用是用数值约束图形对象的大小或约束图形对象之间的相对位置。尺寸约束以尺寸标注的形式标注在相应的图形对象上。被尺寸约束的图形对象只能通过改变尺寸数值来改变大小。从草图设计模块返回零件设计模块后，将不再显示标注的尺寸或几何约束符号。

2）尺寸约束的解除、显示或隐藏。

在图中选取尺寸约束符号或者在约束子特征树上约束的结点，按【Delete】键或在快捷菜单上选择"删除"命令,即可解除施加在图形对象上的尺寸约束。右击图中的约束符号或者约束子特征树上的结点,在弹出的快捷菜单中选择"隐藏/显示"命令,即可切换所选的约束符号的显示状态。

(4)几何约束。

几何约束的作用是约束图形元素本身或图形元素之间的相对大小、位置和方向。当图形元素之间建立了约束关系时,改变其中一个图形元素,与其相关的另一个图形元素就有可能随之改变,但它们之间已建立的约束关系并不改变。几何约束的解除、显示或隐藏与尺寸约束相同。

(5)通过对话框创建约束(Constraints Defined in Dialog Box)。

通过"约束"工具栏上的"在对话框中定义的约束"工具按钮 ,可以以对话框形式创建约束。在创建该约束前,必须先选择对象,否则"在对话框中定义的约束"按钮不可用。约束对象可以是单个,也可以是多个。

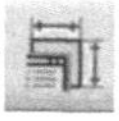

在3D模型中选择被约束对象,单击"在对话框中定义的约束"按钮,系统会弹出图2-38所示的"约束定义"对话框。该对话框列出了所有类型的约束。系统根据所选择的轮廓线自动分析,决定"可以"和"不可以"的约束类型。

图2-38 "约束定义"对话框

(6)创建一般约束(Constraint)。

单击"约束"工具栏上的"约束"工具按钮 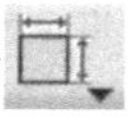 右下方的黑色倒三角,展开图2-39所示的"约束创建"工具栏,该工具栏包括"约束工具"和"接触约束工具"2种约束创建方式。使用该工具创建约束时,不会出现"约束定义"对话框。

(7)固联约束。

固联约束可施加于多个不同种类的图形元素,将这些图形对象组成一个集合。若改变其中任一对象的位置,则这些图形元素都做相同的改变。

单击图标 ,弹出"固联定义"对话框,如图2-40所示。选取相应的两个或者多个同种类的图形元素,单击"确定"按钮即可完成固联。

图 2 - 39　"约束创建"工具栏

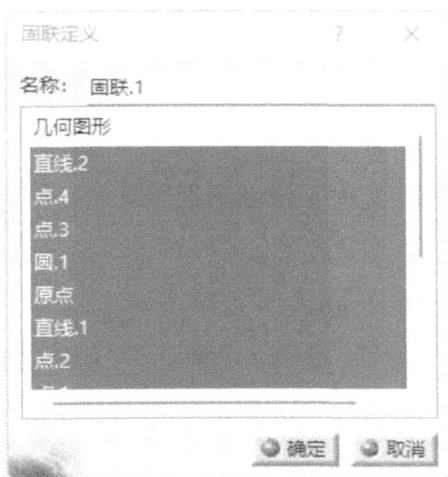

图 2 - 40　"固联定义"对话框

（8）自动约束。单击"约束"工具栏上的"自动约束"工具按钮 ，弹出"自动约束"对话框，如图 2 - 41 所示。在"自动约束"对话框中有"要约束的元素"、"参考元素"、"对称线"和"约束模式"四个参数，其具体作用如下所述。

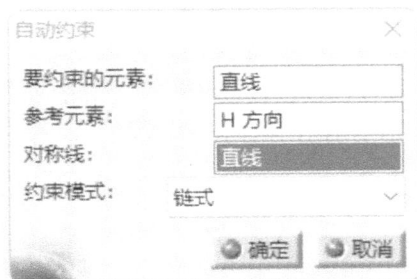

图 2 - 41　"自动约束"对话框

1）要约束的元素。要约束的元素用于选取需要添加几何和尺寸约束的图形对象。

2）参考元素。参考元素指的是定尺寸的基准线。通常需要在水平（x）和竖直（y）方向各选取一条直线；如果未指定参考元素，就默认最下和最左两条直线分别为水平和竖直方向的参考元素。

3）对称线。对称线指对称图形的对称轴。

4）约束模式。约束模式用于确定尺寸约束的排列模式，有"链式"和"堆叠式"两种模式。"链式"模式是默认的约束模式。"堆叠式"模式也称为"基线"模式，如果选择"堆叠式"模式，就必须指定参考元素。单击"参考元素"的"无选择"，随后指定该图的最左和最下两条直线，再从"约束模式"的下拉列表中选择"堆叠式"，单击"确定"按钮完成"堆叠式"约束。

（9）创建动画约束。

"动画约束"是指对于一个约束完备的图形,改变其中一个约束的值,相关联的其他图形元素会随之做相应的改变。利用动画约束功能可以检验机构的约束是否完备,自身是否会产生干涉,是否会与其他部件产生干涉。利用该工具产生的效果只能用作演示,不能永久保存。

单击"约束"工具栏上的"对约束应用动画"工具按钮，弹出"对约束应用动画"对话框,如图 2-42 所示。

(10)编辑多重约束。

"编辑多重约束"工具,是同时对多个尺寸约束进行编辑、修改的工具。

单击"约束"工具栏上的"编辑多重约束"工具按钮，系统弹出"编辑多重约束"对话框,如图 2-43 所示。在该对话框中,通过改变所选约束的当前值来改变约束,单击"恢复初始值"按钮,可以将约束的当前值恢复到初始值。此外,也可以对约束添加公差,在"最大公差"和"最小公差"设置上下偏差,单击"恢复初始公差"按钮,设置的公差就显示在草图中了。

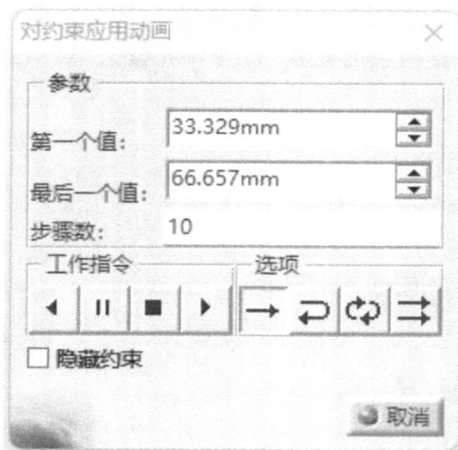

图 2-42 "对约束应用动画"对话框　　图 2-43 "对约束应用动画"对话框

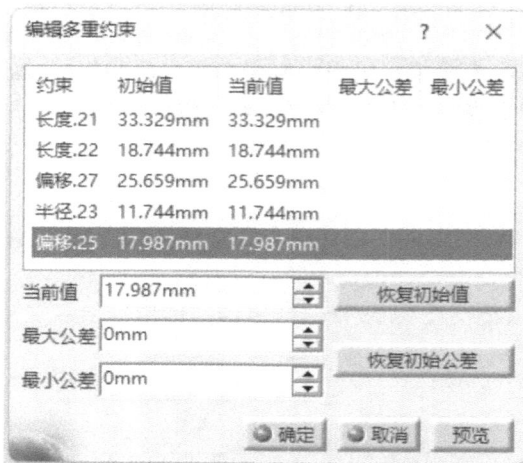

4.草图修饰

CATIA V5 草图修饰主要是通过操作工具栏中的圆角、倒角、修剪、镜像和三维元素投影实现,如图 2-44 所示。

(1)倒圆角。

圆角工具,是通过对两条直线或曲线进行修剪,在两几何元素之间生成与两几何元素相切的圆弧的修剪工具。

单击"操作"工具栏上的"圆角"工具按钮，草图工具栏显示倒圆角定义选项,通过使用草图工具栏上的各选项,可以生成不同的倒圆角效果。

图 2 - 44　"操作"工具栏

（2）倒角。

倒角工具,是通过对两条直线或曲线进行修剪,生成与两几何元素成一定角度的直线段的修剪工具。

选择两条直线或曲线,单击"操作"工具栏上的"倒角"工具按钮 $\nearrow$,草图工具栏显示倒角定义选项,通过使用草图工具栏上的各选项,可以生成不同的倒角效果。

（3）修剪。

单击"操作"工具栏上"修剪"工具按钮 $\nearrow$ 右下方的黑色倒三角,展开"重新限制"工具栏,该工具栏包括"剪切"、"断开"、"快速剪切"、"关闭"和"补充"5 个剪切工具,如图 2 - 45 所示。

图 2 - 45　"重新限制"工具栏

（4）转换。

单击"操作"工具栏上"镜像"工具按钮 $\nicefrac{}{}$ 右下方的黑色倒三角,展开"转换"工具栏,该工具栏包括"镜像"、"对称"、"平移"、"旋转"、"缩放"和"偏移"6 个转换工具,如图 2 - 46 所示。

（5）三维元素投影。

单击"操作"工具栏上"投影三维元素"工具按钮 $\nearrow$ 右下方的黑色倒三角,展开"3D 几何图形"工具栏,如图 2-47 所示。该工具栏包括"投影三维元素"、"使三维元素相交"和"投影三维轮廓边"3 个 3D 几何图形操作工具。利用该工具栏,可以将三维图形中轮廓边线投影到草图绘制平面内。

—镜像(Mirror)
—对称(Symmetry)
—平移(Translation)
—旋转(Rotate)
—缩放(Scan)
—偏移(Offset)

图 2-46 "转换"工具栏

—投影三维元素(Project 3D Elements)
—使三维元素相交(Intersect 3D Elements)
—投影三维轮廓边(Project 3D Silhouette Edges)

图 2-47 "3D 几何图形"工具栏

5.草图分析

在草图设计完成后,进入实体零件设计平台进行实体零件设计。绘制的草图不一定就是符合实体零件生成的草图。CATIA 提供了对草图进行分析的工具,单击"工具"→"草图分析"工具,系统弹出"草图分析"窗口,即图 2-48 所示"草图分析"对话框。该对话框包含以下三个选项卡:几何图形(Geometry)、投影/相交(Projections / Intersections)和诊断(Diagnostic)。

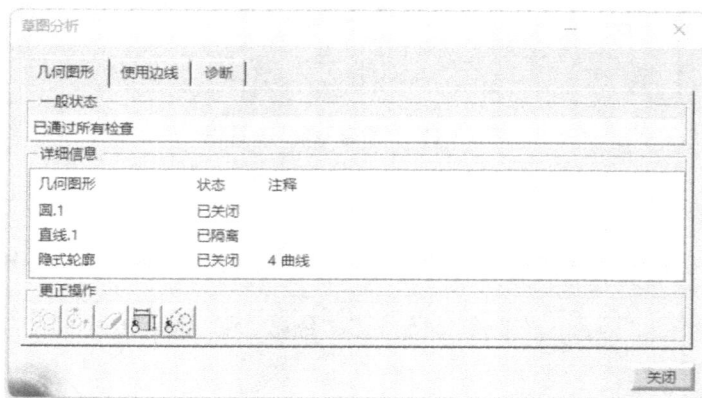

图 2-48 "草图分析"对话框

（三）CATIA V5 实体建模模块简介

CATIA V5 实体建模模式有两种：①以草图为基础，建立基本特征，以修饰特征方式创建形体；②以立方体、圆柱体、球体、锥体和环状体等为基本体素，通过交、并、差等布尔运算相组合，生成更为复杂的形体。

1.基于草图建立特征形体

改造型模式为 CATIA V5 的主要模式，包括拉伸、拉伸拔模圆角、创建多凸台拉伸、凹槽、凹槽拔模圆角、多凹槽、旋转、旋转开槽、打孔、肋、开槽、加强筋和多截面放样等命令。

2.特征修饰

特征修饰包括边圆角、变半径圆角、面与面圆角、三切线内圆角、倒角、拔模斜度、拔模反射线、可变角度拔模、抽壳、厚度、移除面和替换面等命令，如图 2-49 所示。

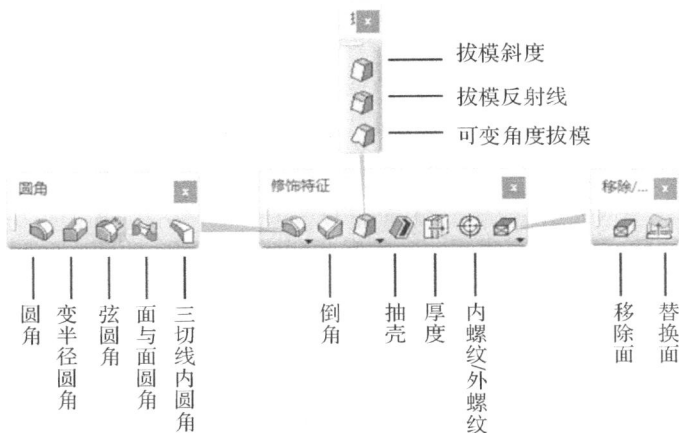

图 2-49　特征修饰命令

3.形体的变换

形体的变换包括平移、旋转、对称、镜像、矩形阵列、圆形阵列、自定义阵列和比例缩放等命令，如图 2-50 所示。

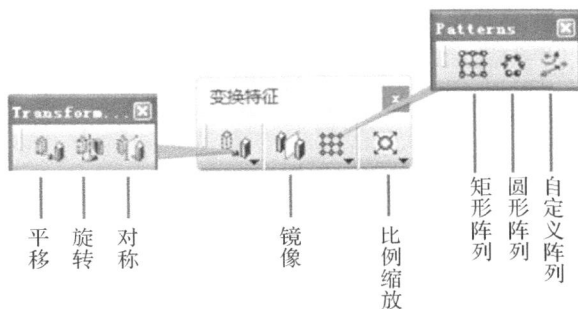

图 2-50　形体的变换命令

4.布尔逻辑运算

布尔逻辑运算包括装配、移除、相交、合并修剪、移除块等命令，如图 2-51 所示。

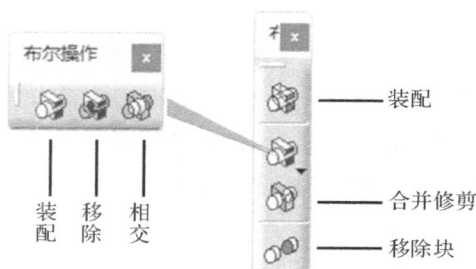

图 2-51 布尔逻辑运算命令

(四)钣金设计模块简介

CATIA 钣金设计模块主要用于钣金件结构设计，包括第一钣金壁(平整、拉伸、滚动、多截面、实体转换等)、附加钣金壁(平整、凸缘、边缘、用户凸缘等)、钣金折弯、钣金弯边、钣金成型与冲压等，还可以在考虑钣金折弯参数的前提下对钣金件进行展平，从而方便钣金件的加工与制造。

CATIA 航空钣金设计模块(   )主要包括钣金参数、面法兰、下陷、折叠/展开等命令，如图 2-52 所示。

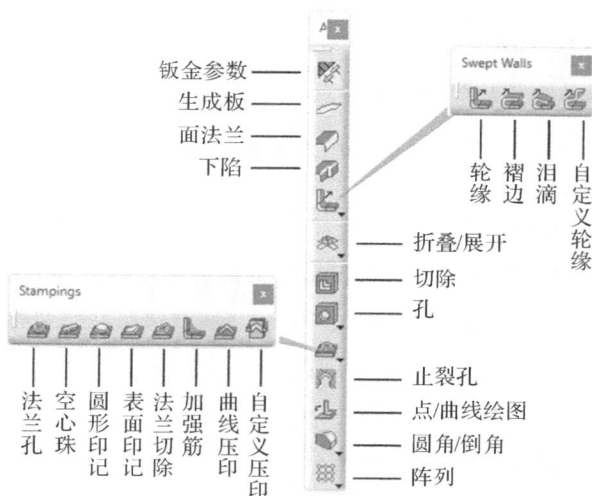

图 2-52 "航空钣金设计模块"命令

(五)曲面设计模块简介

CATIA 曲面造型设计功能主要用于曲线线框设计及曲面造型设计，用来完成一些外观比较复杂的产品造型设计。CATIA 软件提供了多种高级曲面造型工具，如多截面曲面、扫掠曲面、填充曲面及桥接曲面等,帮助用户完成复杂曲面的设计。

CATIA V5 曲面设计模块主要包括创成式外形设计、自由风格造型、草图绘制、数字曲面编辑器、快速曲面重构、小三角片体外形编辑和橡皮泥块等曲面设计模式,如图 2-53 所示。

图 2-53　曲面造型模块

第五节　练习与提高

(1)图 2-54 为某翼肋零件主视图。根据此图,完成该零件的草图绘制,掌握草图绘制的基本工具。

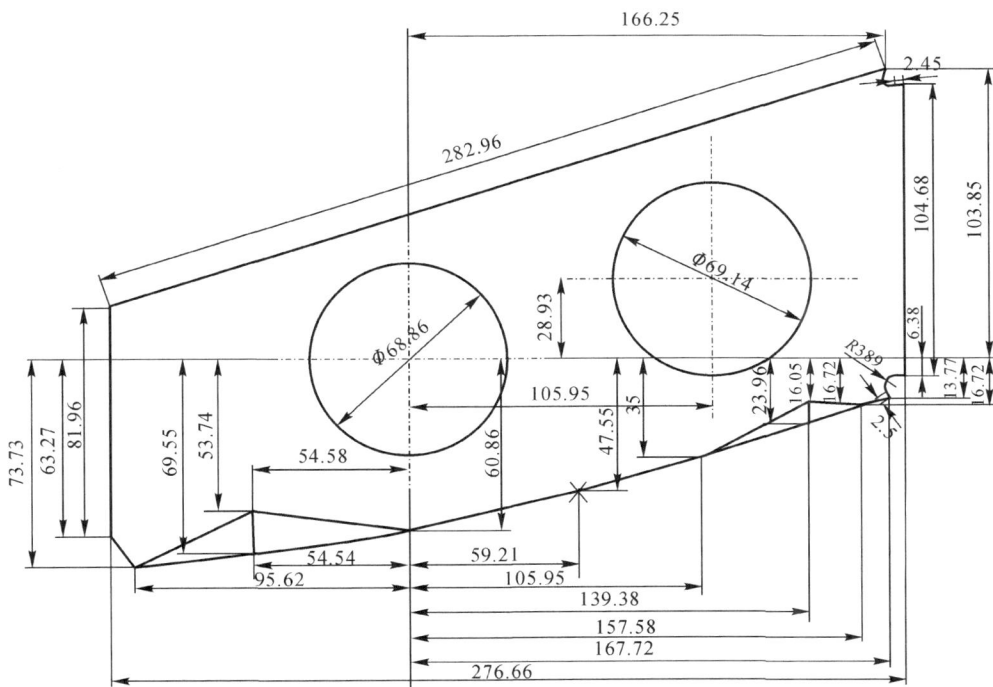

图 2-54　某翼肋零件主视图

（2）图 2-55 为某飞机起落架锁扣二维图。根据此图，完成该零件的草图绘制。

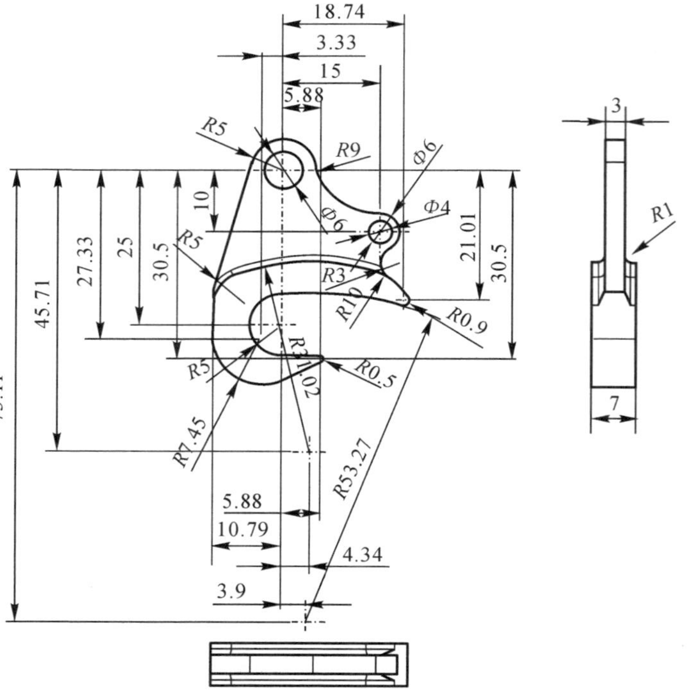

图 2-55　某飞机起落架锁扣二维图

第三章　飞行器钣金类零件三维建模

第一节　概　述

　　飞行器钣金类零件是指利用钣金工艺生产的飞行器结构件,如机翼蒙皮、普通翼肋和长桁,机身蒙皮、角盒、普通隔框和桁条等组成飞行器机体的重要组成部件,大约占全部飞行器零部件总数量的70%,且具有结构复杂、品种繁多和尺寸大等特征,进而导致飞行器零部件设计与制造周期长、成本高。飞行器钣金类零件三维建模不仅可以提高飞行器钣金件的设计质量和制造加工效率,缩短飞行器的研制周期,而且还可以满足飞行器设计制造一体化的要求。

　　本章以飞行器典型钣金零件,例如角片类(直线弯曲类)、梁和长桁类零件、普通翼肋、普通隔框以及管类零件为案例,详细介绍其建模方法与过程。

第二节　角片类零件三维建模

(一)本节学习要点

(1)掌握飞机结构图纸读图步骤。

(2)看懂角片类零件工程图及其位置信息。

(3)正确分析角片零件建模过程。

(4)掌握飞机钣金零件建模方法。

(二)角片零件工程图分析

1.角片零件清单和工程图

　　根据某角片零件清单,获得了该角片零件的件号(24A032103-1),根据零件件号确定图号,找出了相应图纸,并查找出对应图号的(PL)文件,获取了该角片零件信息(视图区域、材料等信息),如图3-1所示。从角片工程图(见图3-2)就可以获得其尺寸位置信息。

图 3-1 某角片(PL)文件

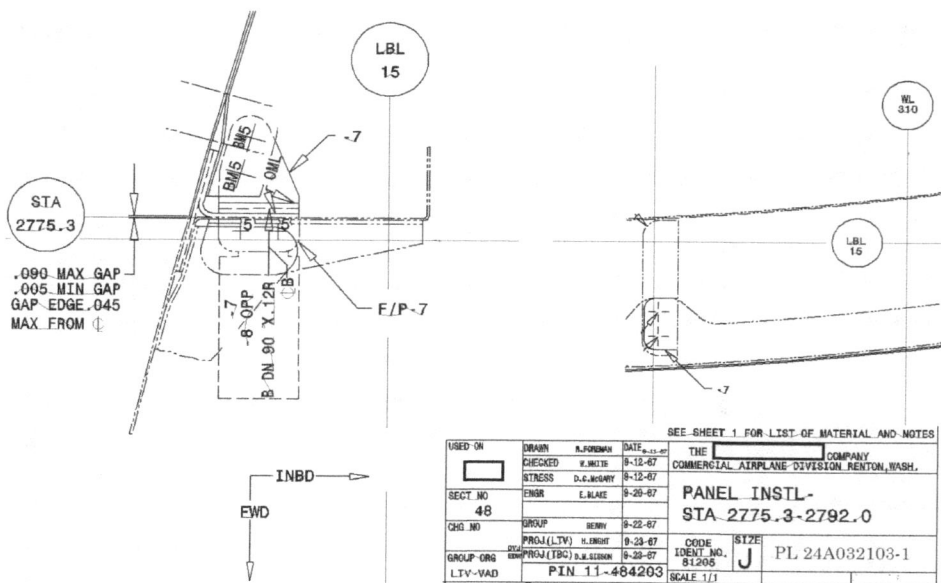

图 3-2 某角片工程图

2.角片建模参考步骤

角片建模参考步骤如图 3-3 所示。

3.角片建模过程

步骤1 单击菜单栏里的"开始"→"机械设计"→"Generative Sheetmetal Design",弹出"新建零件"对话框,输入角片零件号"24A032103-1"(见图 3-4),勾选"启用混合设计",单击"确定"按钮进入角片零件绘制平台。

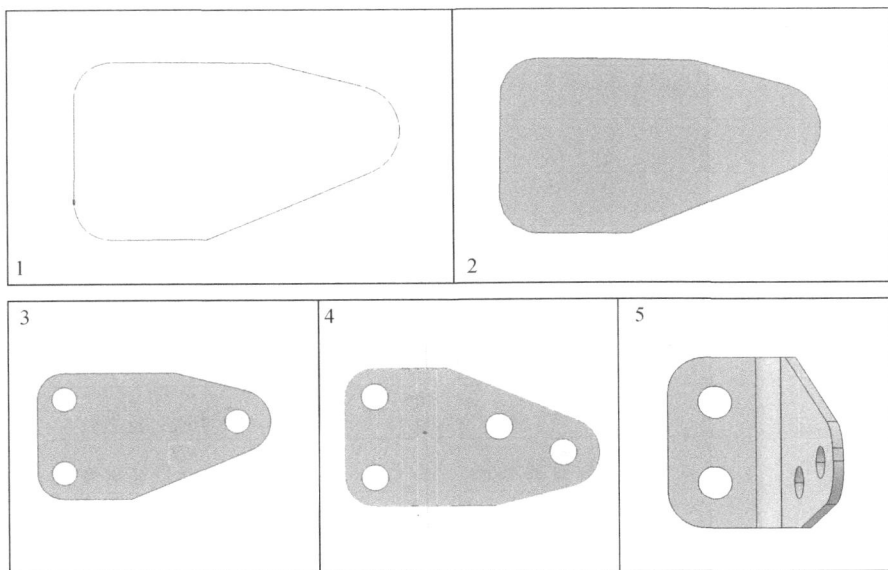

图 3-3　角片三维建模参考步骤

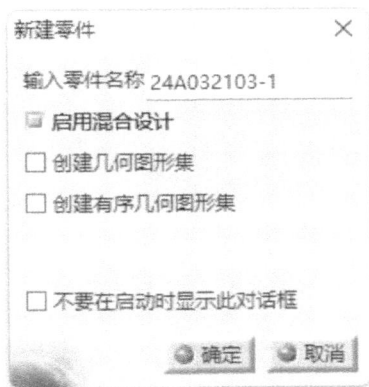

图 3-4　新建角片零件框

新建零件

输入零件名称 24A032103-1

启用混合设计

创建几何图形集

创建有序几何图形集

不要在启动时显示此对话框

确定　取消

步骤 2　右击"xy 平面",单击"属性"对话框,选择"特征属性",修改特征名称"xy 平面"为"飞行器水平基准面"(见图 3-5),单击"确定"按钮,完成修改。同理,把"yz 平面"和"zx 平面"分别修改为"飞行器零平面"和"飞行器对称面"。右击"零件几何体",单击"属性对话框",选择"特征属性",把特征名称修改为角片零件号"24A032103-1",单击"确定"按钮,完成特征树修改,如图 3-6 所示。

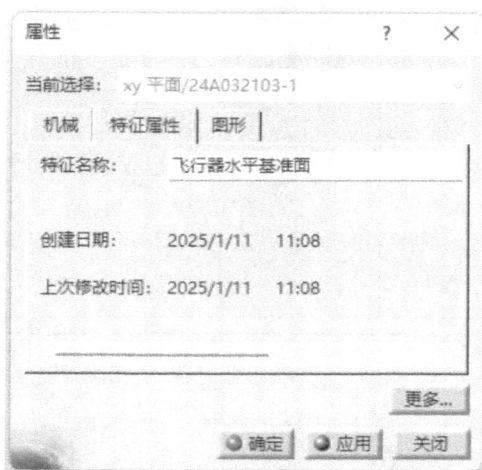

图 3-5　修改基准面

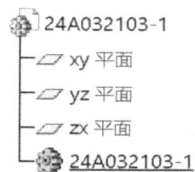

图 3-6　特征树修改

步骤 3　单击"Sheet Metal Parameters"按钮 ，弹出钣金参数对话框。根据角片（PL）文件和工程图样输入钣金参数（见图 3-7），单击"确定"，完成钣金参数设定。

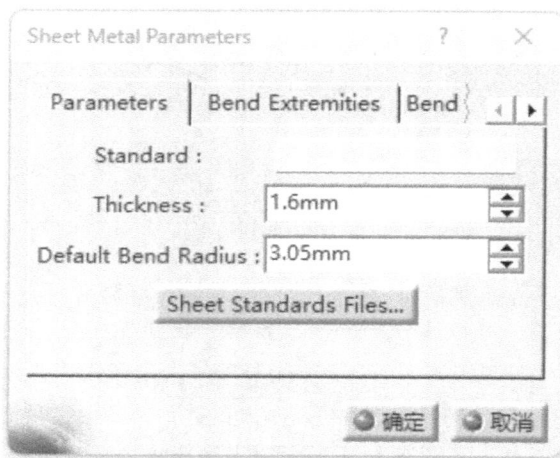

图 3-7　设定钣金参数

步骤 4　单击菜单"插入"→"几何图形集"，弹出辅助几何对话框，在名称处输入"辅助几何"（见图 3-8），单击"确定"，完成辅助几何建立。同理，可以完成其他特征树的几何建立。

步骤 5　根据角片工程图样，确定角片的具体空间位置，确定草图绘制基准平面，单击"草图绘制"按钮 ，进入草图绘制平台，绘制角片零件展开图草图，如图 3-9 所示。

步骤 6　退出草图绘制平台,选中绘制的角片零件展开图草图,单击"Walls"工具栏里的"Wall"按钮 ,弹出如图 3 - 10 所示的"Wall Definition"对话框,单击"确定"即可生成默认壁厚(步骤 3 设置的壁厚)的板材,如图 3 - 11 所示。

图 3 - 8　建立辅助几何

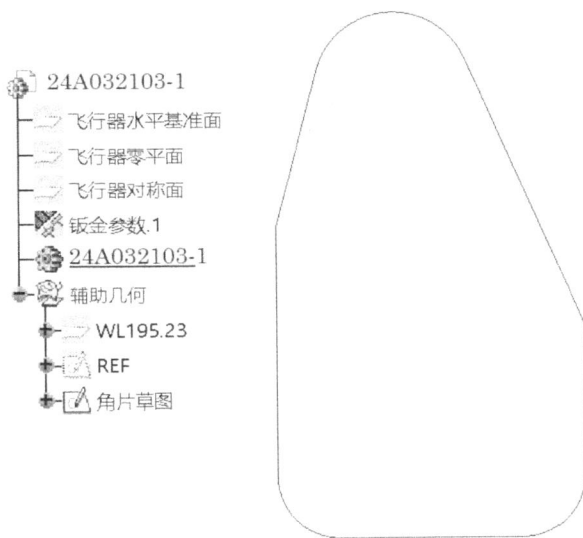

图 3 - 9　角片零件展开草图

图 3 - 10　定义壁厚

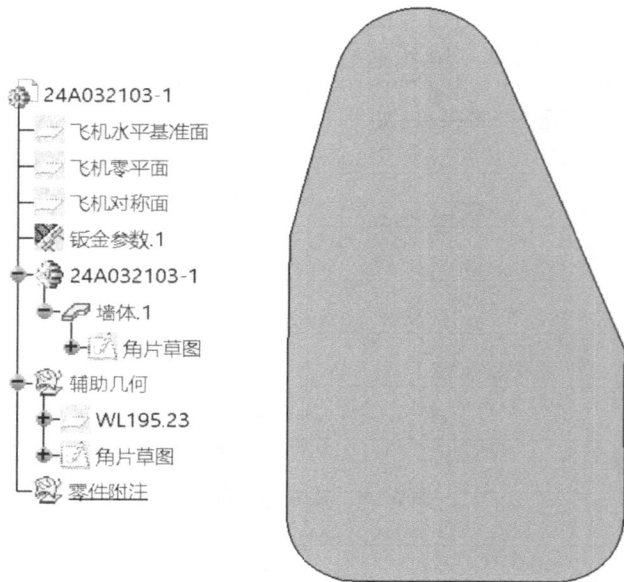

图 3 - 11　角片三维毛料

步骤 7　单击"Cutting/Stamping"工具栏里的"Hole"按钮 ，弹出图 3 - 12 所示的"定义孔"对话框,输入铆钉孔的直径、深度等参数,单击"确定"即可生成相应的铆钉孔。在铆钉孔定义对话框里点击"定位草图"按钮,弹出孔位置约束对话框,如图 3 - 13 所示,图中"＊"为孔的中心。进而可以根据角片工程图样,完成铆钉孔的尺寸约束。

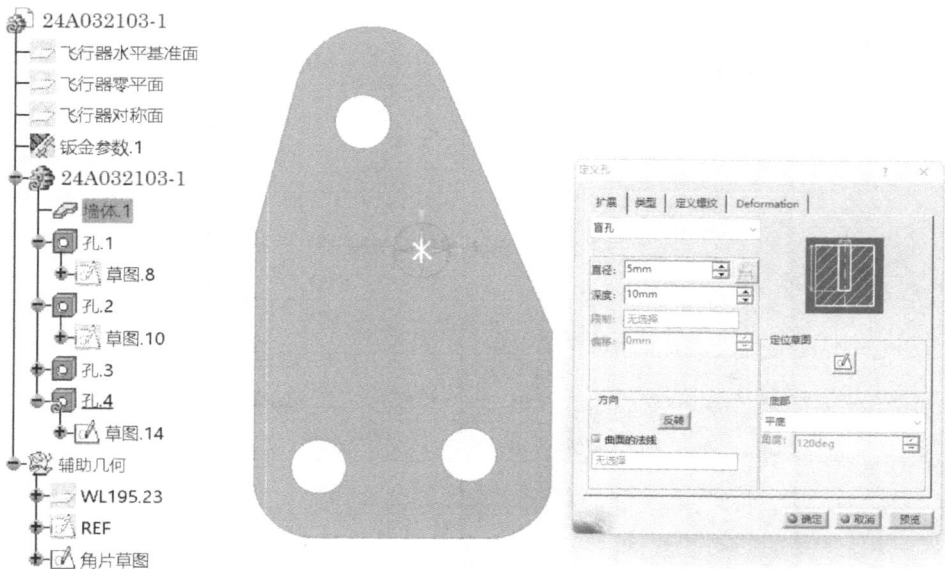

图 3 - 12　"定义孔"对话框

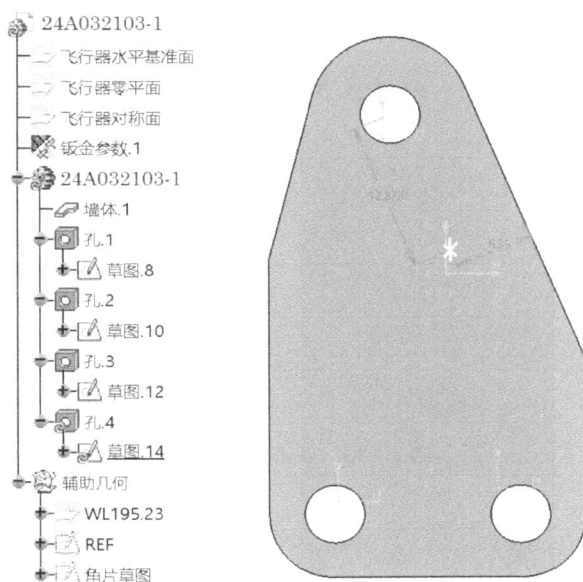

图 3 - 13　建立孔约束

步骤 8　根据角片工程图样,选择角片三维毛料面作为折弯参考面,在折弯中心绘制一条直线,如图 3 - 14 所示。退出"草图",单击"Bending"工具栏中的"Bend From Flat"按钮 ,弹出平面弯曲对话框,如图 3 - 15 所示。点击对话框中的"Profile",选择所建立的折弯轴,单击"确定"按钮,即可完成角片建模,如图 3 - 16 所示。

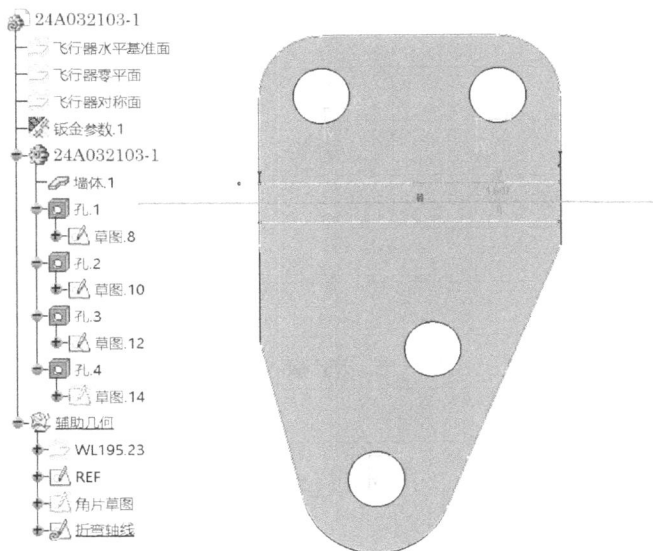

图 3 - 14　绘制角片折弯轴线

图 3 - 15　平面弯曲对话框

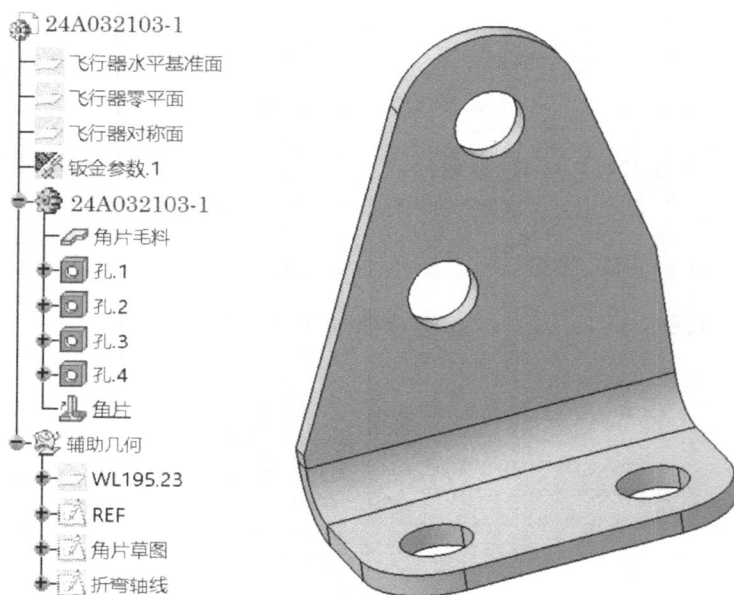

图 3 - 16　角片三维模型

第三节　梁、长桁类零件三维建模

(一)本节学习要点

(1)读懂梁、长桁类零件工程图及其位置信息。

(2)分析梁、长桁类零件建模过程。

(3)掌握梁、长桁类零件建模方法。

(4)掌握钣金模块扫掠建模方法。

(二)梁、长桁类零件工程图分析

1.长桁零件清单和工程图

根据某飞机某长桁零件清单,获得了该长桁零件的件号(24A032103-2),根据零件件号确定图号,找出了相应图纸,并查找出对应图号的 PL 文件,获取了该长桁零件信息(视图区域、材料等信息)。从长桁工程图(见图 3-17)就可以获得其尺寸位置信息(长桁中心线占位面为 STA13224.5)。

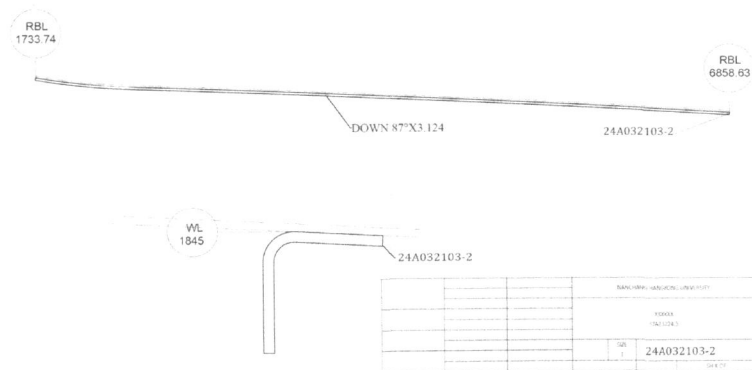

图 3-17 某飞机机翼长桁工程图

2.长桁建模参考步骤

长桁建模参考步骤如图 3-18 所示。

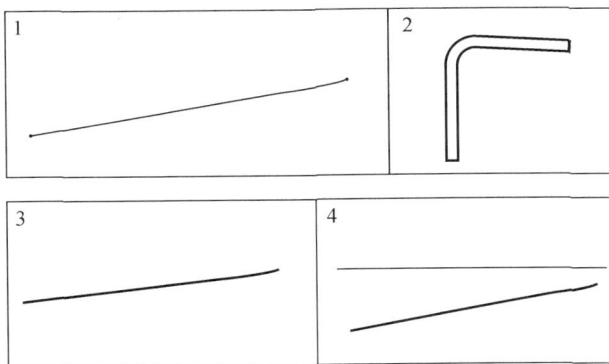

图 3-18 长桁三维建模参考步骤

3.长桁建模过程

步骤 1 单击菜单栏中的"开始"→"机械设计"→"Generative Sheetmetal Design",弹出"新建零件"对话框,输入角片零件号"24A032103-2",勾选"启用混合设计",单击"确定"按钮进入长桁零件绘制平台。

步骤 2 根据飞行器零件三维建模规定,修改相应建模基准面。同时右击"零件几何体",单击"属性"对话框,选择"特征属性",把特征名称修改为长桁零件号"24A032103-2",单击"确定"按钮,完成特征树修改。

步骤3 根据长桁零件工程图样,建立长桁零件的占位面。以长桁占位面为基准平面,单击"草图绘制"按钮 ,进入草图绘制平台。根据长桁工程图样,确定长桁外形线的起始位置,并绘制长桁外形线,如图3-19所示。

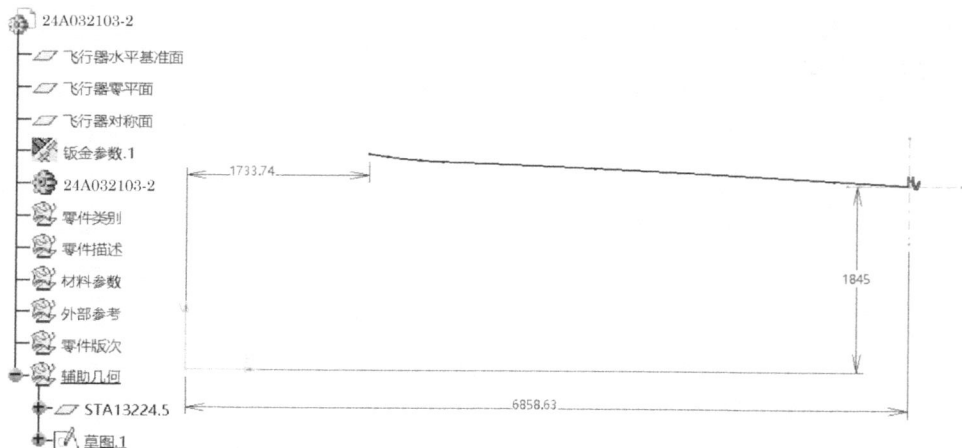

图3-19　长桁外形线

步骤4 单击"线框"工具栏里的"平面"按钮 ,弹出"平面定义"对话框,如图3-20所示。平面类型选择"曲线的法线",曲线选择草图.1(绘制的长桁外形线),点选择"草图.1\顶点"(长桁外形线的端点),单击"确定",完成长桁外形线端点法平面的建立。

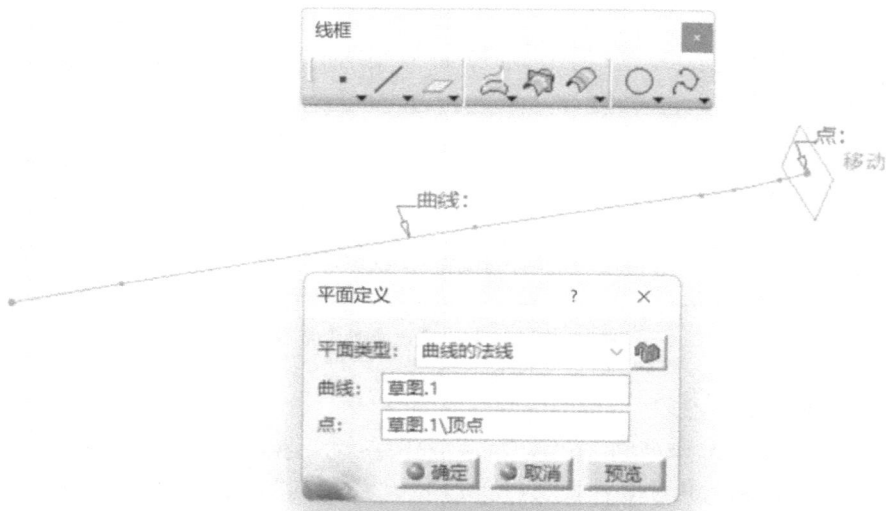

图3-20　建立长桁外形线端点法平面

步骤5 以长桁外形线端点法平面为基准平面,单击"草图绘制"按钮 ,进入草图绘制平台。根据长桁工程图样,确定长桁截面位置,绘制长桁截面外形线,如图 3－21 所示。

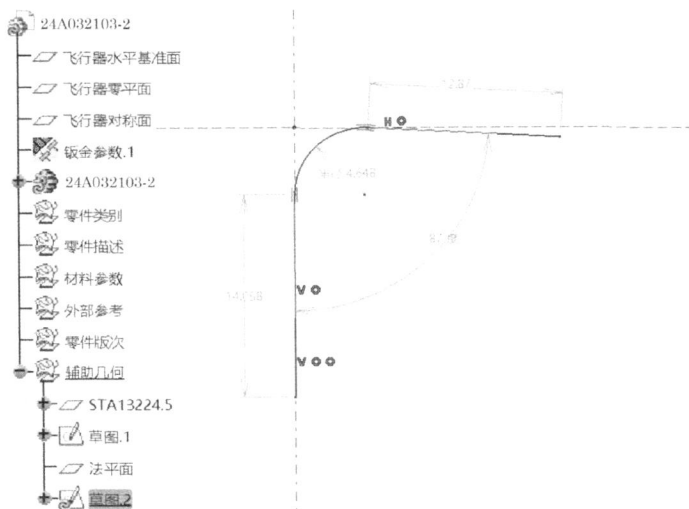

图 3－21　长桁截面外形线

步骤 6　单击菜单栏中的"开始"→"形状"→"创成式外形设计",进入长桁外形面绘制平台。单击"曲面"工具栏中的"扫掠"按钮 ![icon] ,弹出"扫掠曲面定义"对话框。在"轮廓"栏里选择"草图.2"(长桁截面外形线),在"引导曲线"栏里选择"草图.1"(长桁外形线),其余选项默认,如图 3－22 所示。单击"确定"生成长桁外形面,如图 3－23 所示。

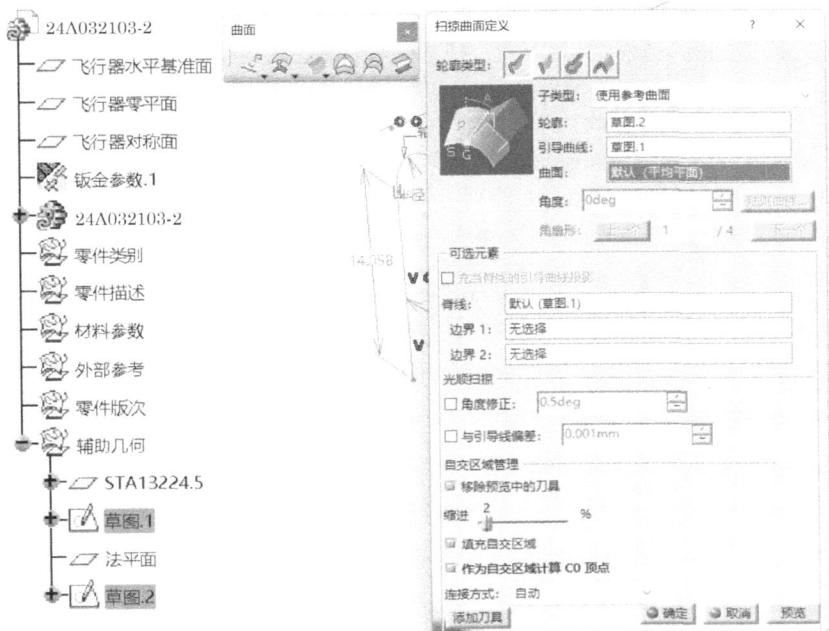

图 3－22　"扫掠曲面定义"对话框

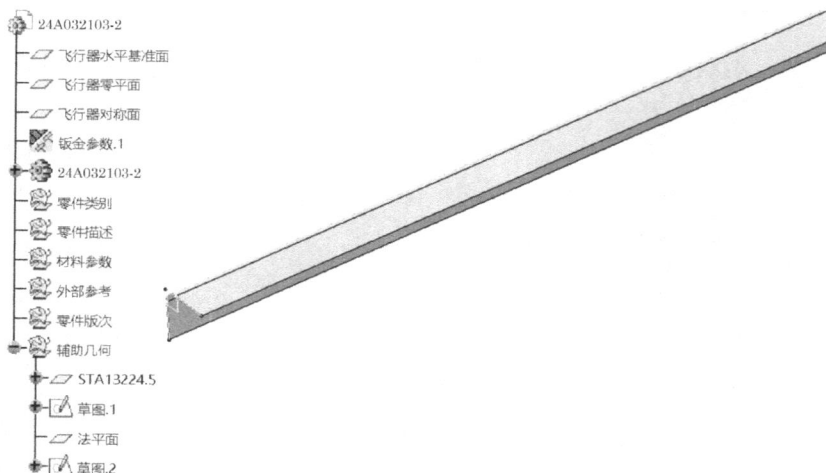

图 3 – 23　长桁外形面

步骤 7　单击"包络体"工具栏中的"厚曲面" 按钮,弹出"定义厚曲面"对话框,在"第一偏移"栏里输入长桁的壁厚,在"第二偏移"栏里输入 0,选择长桁外形面为要偏移的对象,根据长桁的工程图确定偏移方向,如图 3 – 24 所示。单击"确定"生成长桁三维模型,如图 3 – 25 所示。

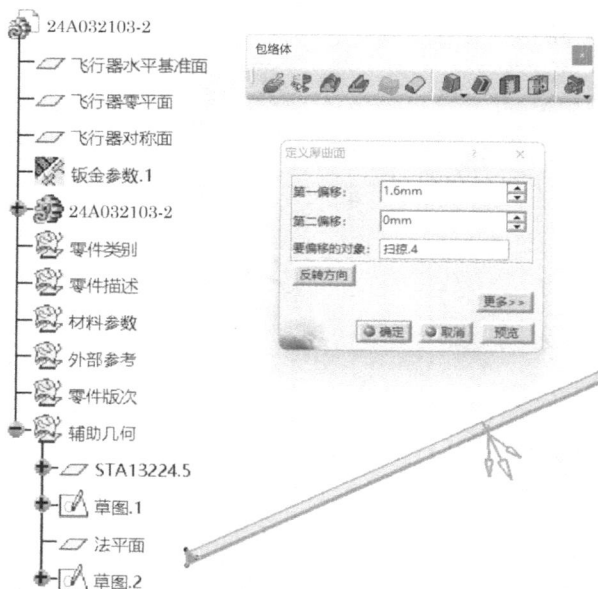

图 3 – 24　"定义厚曲面"对话框

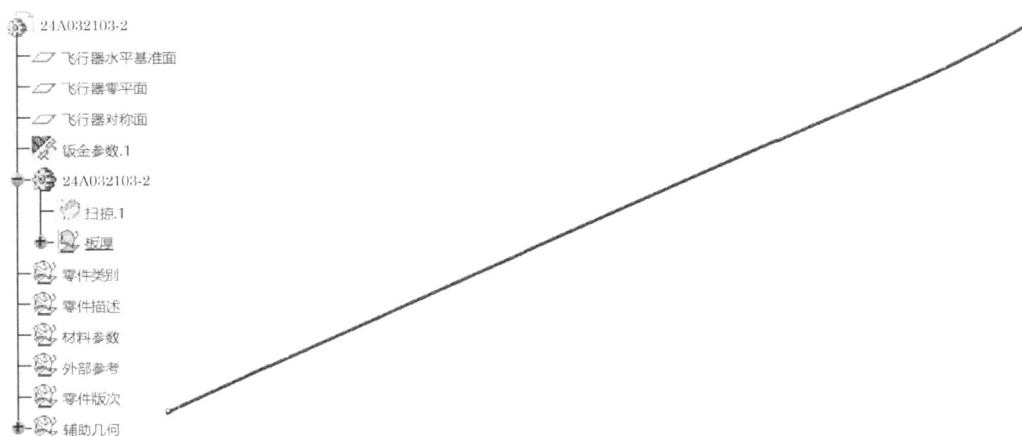

图 3 - 25　长桁三维模型

4.翼梁类零件

翼梁类零件建模过程和方法与长桁类零件一样,区别在于翼梁的截面比长桁截面复杂一些。此处翼梁建模不详述。

第四节　普通翼肋零件三维建模

(一)本节的学习要点

(1)读懂普通翼肋零件工程图及其位置信息。

(2)分析普通翼肋零件建模过程。

(3)掌握普通翼肋零件建模方法。

(4)掌握飞机钣金模块建模方法

(二)普通翼肋零件工程图分析

1.普通翼肋零件清单和工程图

根据某飞机某翼肋零件清单,获得了该翼肋零件的件号(24A032103 - 3),根据零件件号确定图号,找出了相应图纸,并查找出对应图号的 PL 文件,获取了该翼肋零件信息(视图区域、材料等信息)。从翼肋工程图(见图 3 - 26)就可以获得其尺寸位置信息(翼肋右端占位面为 STA699、WL82.5、RBL260)。然后,根据翼肋工程图计算出其展开图尺寸。

2.翼肋零件建模参考步骤

翼肋零件建模参考步骤如图 3 - 27 所示。

(三)普通翼肋零件建模过程

步骤 1　单击菜单栏中的"开始"→"机械设计"→"Generative Sheetmetal Design",弹出"新建零件"对话框,输入翼肋零件号"24A032103 - 3",勾选"启用混合设计",单击"确定"按钮进入翼肋零件绘制平台。

步骤2 根据飞行器零件三维建模规定,修改相应建模基准面。同时右击"零件几何体",单击"属性对话框",选择"特征属性",把特征名称修改为翼肋零件号"24A032103 - 3",单击"确定"按钮,完成特征树修改。

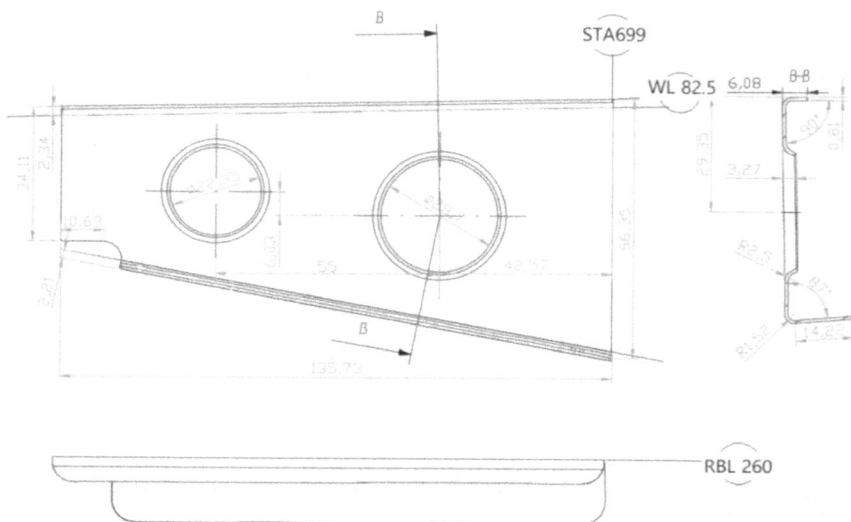

图3-26 某飞机翼肋工程图

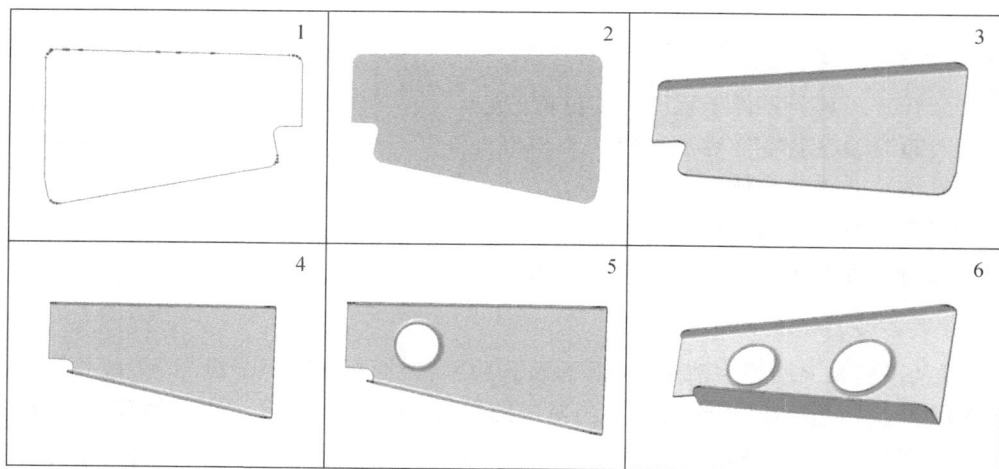

图3-27 某翼肋零件三维建模参考步骤

步骤3 单击"Sheet Metal Parameters"按钮 ,弹出钣金参数对话框。根据普通翼肋 PL 文件和工程图样输入钣金参数,单击"确定"完成钣金参数设定。

步骤4 根据普通翼肋零件工程图样,建立翼肋零件的占位面。以翼肋占位面为基准平面,单击"草图绘制"按钮 ,进入草图绘制平台。根据翼肋工程图样,确定翼肋在占位面的平面位置,根据翼肋展开样绘制其轮廓线。翼肋零件展形草图如图 3－28 所示。

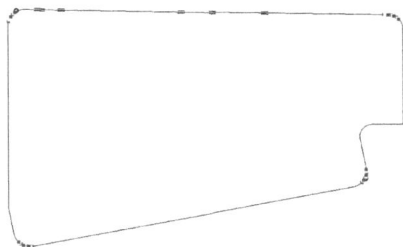

图 3－28　某普通翼肋零件展开草图

步骤 5　单击"退出草图绘制工作台"按钮 ,退出草图绘制平台。单击"Walls"工具栏里的"Wall"按钮 ,弹出墙定义对话框,如图 3－29 所示。在轮廓工具栏里选择所绘制的翼肋展开草图,确定壁厚拉伸方向,单击"确定"生成翼肋展开图,如图 3－30 所示。

图 3－29　墙定义对话框

图 3－30　某翼肋展开图

步骤 6　根据普通翼肋零件工程图样,确定其折弯中心线和折弯半径。以相应的翼肋展开图平面为草绘平面,绘制折弯中心线,如图 3－31 所示。单击"退出草图绘制工作台"按钮 ,退出草图绘制平台。单击"弯曲"工具栏中的"从平面弯曲"按钮 ,弹出从平面弯曲定义对话框,如图 3－32 所示。在"轮廓"工具栏里选择所绘制的翼肋弯曲中心线草图,选择非弯曲部分内一点为弯曲不动点；根据普通肋二维工程图，设定弯曲角度为 90°，单击"确定"完成翼肋单弯边建模，如图 3 - 33 所示。采用同样步骤可以完成翼肋另一边弯边建模，如图 3 - 34 所示。

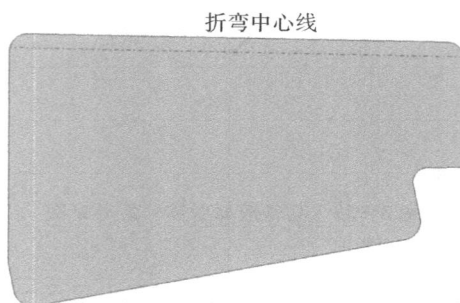

图 3 - 31　翼肋折弯中心线

图 3 - 32　从平面弯曲定义对话框

图 3 - 33　翼肋单弯边三维模型

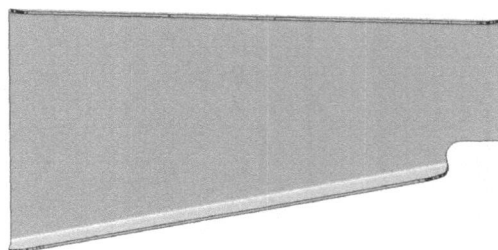

图 3 - 34　翼肋双弯边三维模型

步骤 7　根据普通翼肋零件工程图样、PL 文件和减轻孔标准，确定减轻孔的具体尺寸。单击"Stamping"工具栏里的"法兰孔"按钮　，在翼肋腹板面合适的位置进行点击，弹出法兰孔定义对话框，如图 3 - 35 所示。类型定义选择带锥体（With cone），参数选择双直径（Two diameters）；根据减轻孔标准在参数选项里填入相应数值，单击"确定"生成减轻孔。

双击特征树相应减轻孔下面的草图,对减轻孔的中心位置进行约束,如图3-36所示。单击"退出草图绘制工作台"按钮,退出草图绘制平台,完成减轻孔创建。按上述步骤完成另一个减轻孔创建,进而完成整个翼肋三维建模,如图3-37所示。

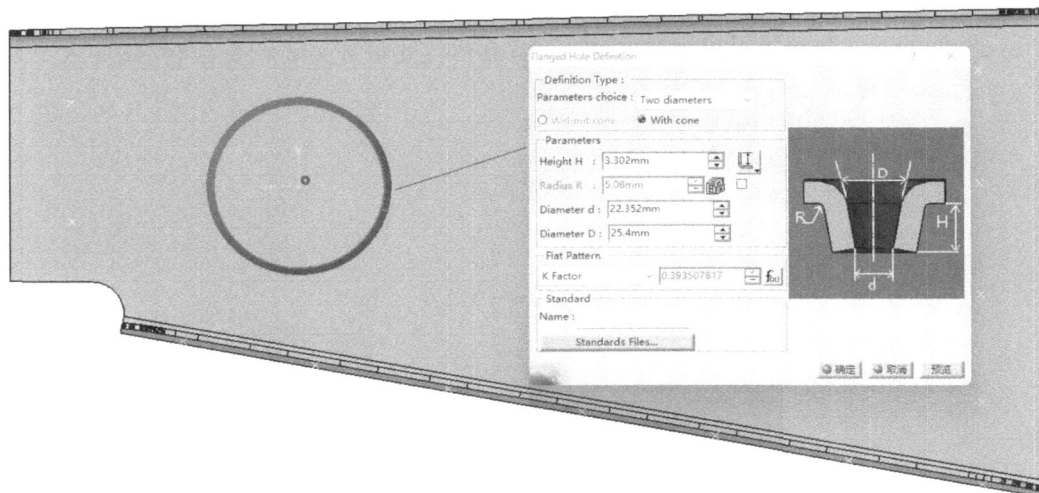

图3-35　法兰孔定义对话框

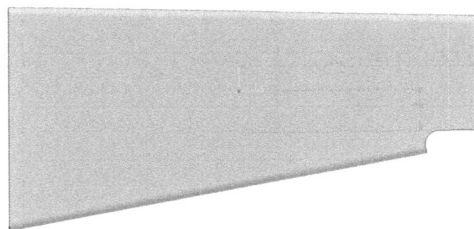

图3-36　减轻孔中心位置约束

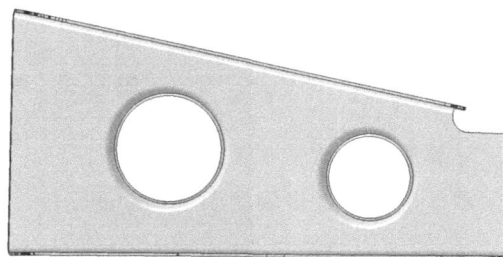

图3-37　某普通翼肋三维模型

第五节　普通隔框零件三维建模

(一)本节的学习要点

(1)读懂普通隔框零件工程图及其位置信息。

(2)正确分析普通隔框零件建模过程。

(3)掌握普通隔框零件建模方法。

(4)掌握飞机钣金模块建模方法。

(二)普通隔框零件工程图分析

1.普通隔框零件清单和工程图

根据某飞机某隔框零件清单,获得了该隔框零件的件号 24A032103 - 4),根据零件件号确定图号,找出了相应图纸,并查找出对应图号的 PL 文件,获取了该隔框零件信息(视图区域,材料等信息)。从隔框工程图(见图 3 - 38)就可以获得其尺寸位置信息(隔框占位面为 STA69646.8、WL9180.475、BL0.00)。

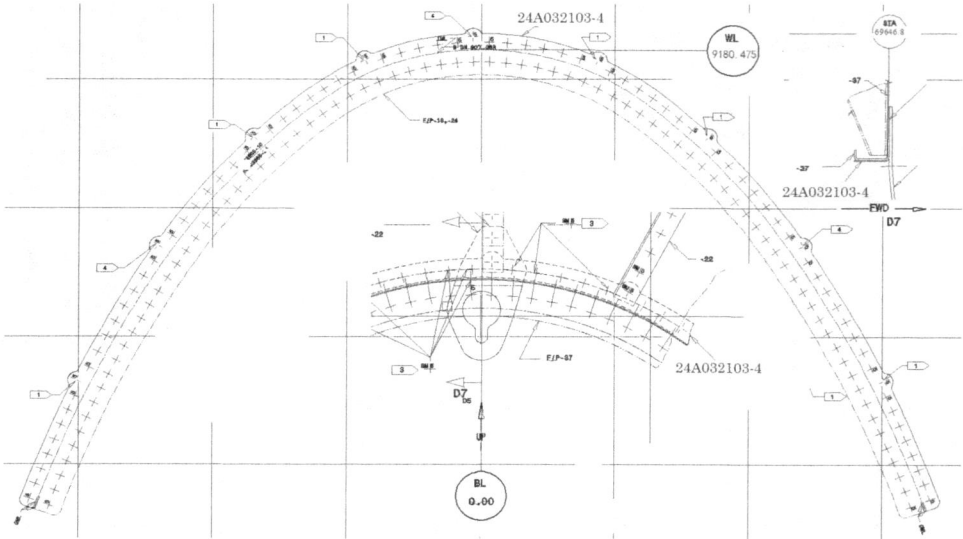

图 3 - 38　某隔框零件工程图

2.翼肋零件建模参考步骤

零件建模参考步骤如图 3 - 39 所示。

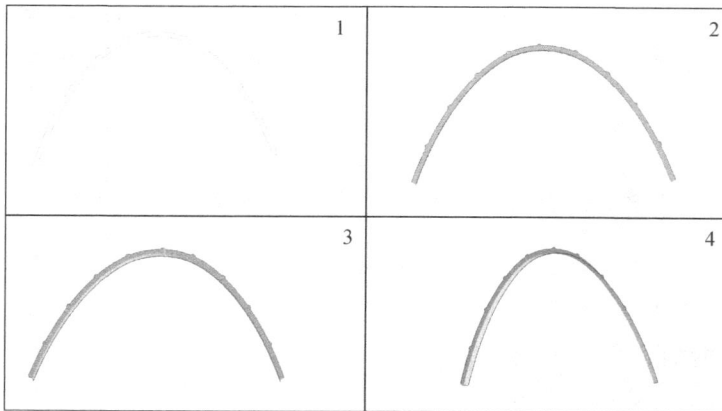

图 3 - 39　某隔框零件三维建模参考步骤

(三)翼肋零件建模过程

步骤 1　单击菜单栏"开始"→"机械设计"→"Generative Sheetmetal Design",弹出"新建零件"对话框,输入隔框零件号"24A032103 - 4",勾选"启用混合设计",单击"确定"按钮进入普通隔框零件绘制平台。

步骤 2　根据飞行器零件三维建模规定,修改相应建模基准面。同时右击"零件几何体",单击"属性"对话框,选择"特征属性"按钮,把特征名称修改为隔框零件号"24A032103 - 4",单击"确定"按钮,完成特征树修改。

步骤 3　单击"Sheet Metal Parameters"按钮 ,弹出钣金参数对话框。根据普通隔框 PL 文件和工程图样输入钣金参数,单击"确定"完成钣金参数设定。

步骤 4　根据普通隔框零件工程图样,建立隔框零件的占位面。以隔框占位面为基准平面,单击"草图绘制"按钮 ,进入草图绘制平台。根据隔框工程图样,确定隔框在占位面的平面位置,根据隔框展开样绘制隔框腹板轮廓线。某隔框零件腹板轮廓线如图 3 - 40 所示。

图 3 - 40　某隔框零件腹板轮廓线

步骤 5　单击"退出草图绘制工作台"按钮 ,退出草图绘制平台。单击"Walls"工具栏里的"Wall"按钮 ,弹出"墙定义"对话框,在"轮廓"工具栏里选择所绘制的隔框展开草图,确定壁厚拉伸方向,单击"确定"生成隔框腹板三维图,如图 3 - 41 所示。

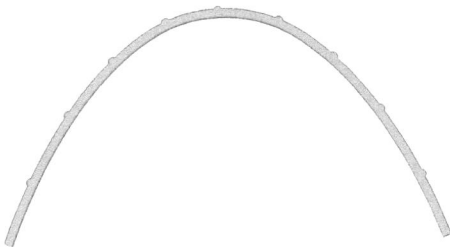

图 3 - 41　某隔框零件腹板三维图

步骤 6　根据普通隔框零件工程图样,确定其折弯中心线和折弯半径。以隔框为参考线,单击"墙"工具栏中的"法兰"按钮,弹出法兰定义对话框。根据普通隔框零件工程图样,确定其弯边的弯曲半径、弯曲方向和弯边直线高度等参数后,如图3-42所示。单击"确定"完成普通隔框零件的初步建立。

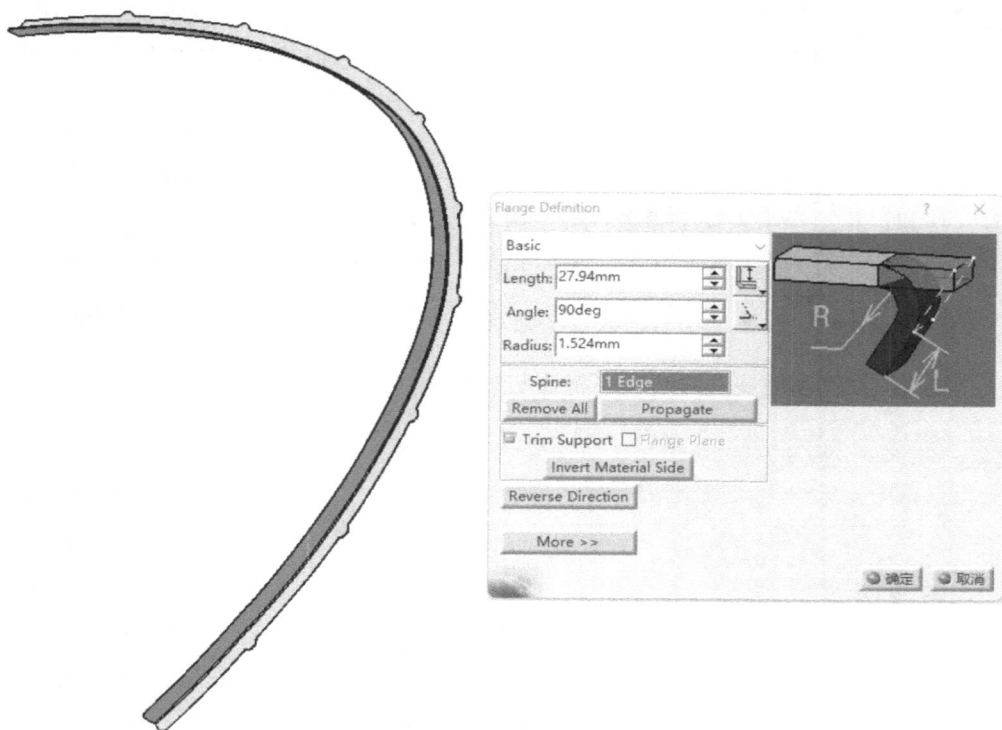

图3-42 生成某隔框零件弯边

步骤7 根据普通隔框零件工程图样,确定弯边端头圆角半径的大小。单击"Cutting/Stamping"工具条中的"圆角"按钮,在半径栏里输入圆角半径,单击选择边条框,选择需要进行倒圆角的边,单击"确定"完成倒圆角,如图3-43所示。至此,完成普通隔框零件的建立。

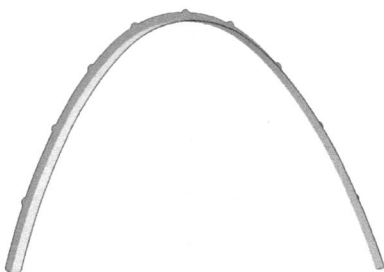

图3-43 某隔框零件三维图修饰

第六节　管类零件三维建模

(一)本节的学习要点

(1)读懂管类零件工程图及其位置信息。

(2)正确分析管类零件建模过程。

(3)掌握管类零件建模方法。

(4)掌握高级曲面模块扫掠建模方法。

(二)管类零件工程图分析

1.管类零件清单和工程图

根据某飞机管零件清单,获得了该管零件的件号(24A032103 - 5),根据零件件号确定图号,找出了相应图纸,并查找出对应图号的 PL 文件,获取了该管零件信息(视图区域、材料等信息),该管零件工程图(图中单位为英寸)如图 3 - 44 所示。由工程图分析可知,此管管端头压扁,且内有压扁衬管。因此建模时应分为两部分,即压扁管端头建模和圆管直线部分建模。建模过程牵涉了多截面建模方法。

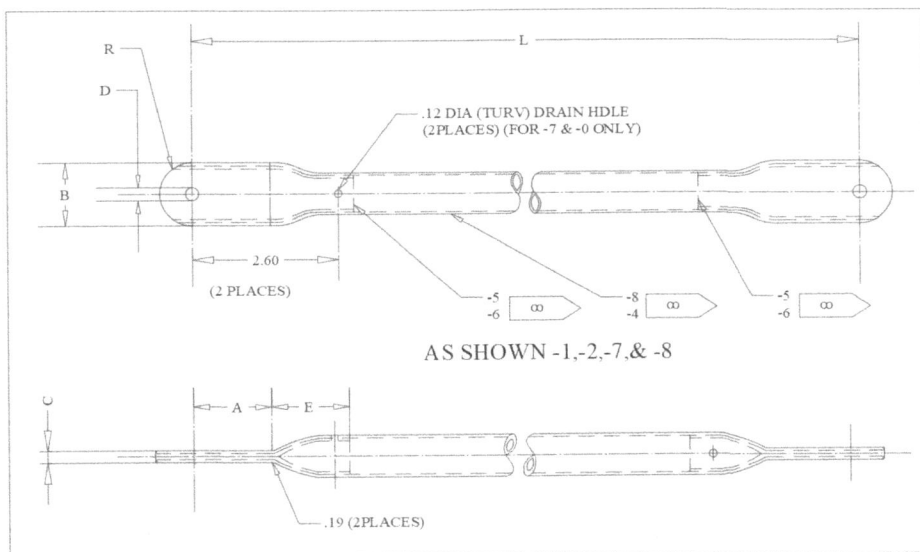

图 3 - 44　某飞机管零件二维图

2.管零件建模参考步骤

管零件建模参考步骤如图 3 - 45 所示。

(三)翼肋零件建模过程

步骤 1　单击菜单栏中的"开始"→"形状"→"创成式外形设计",弹出"新建零件"对话框,输入隔框零件号"24A032103 - 5",勾选"启用混合设计",单击"确定"按钮进入管零件绘制平台。

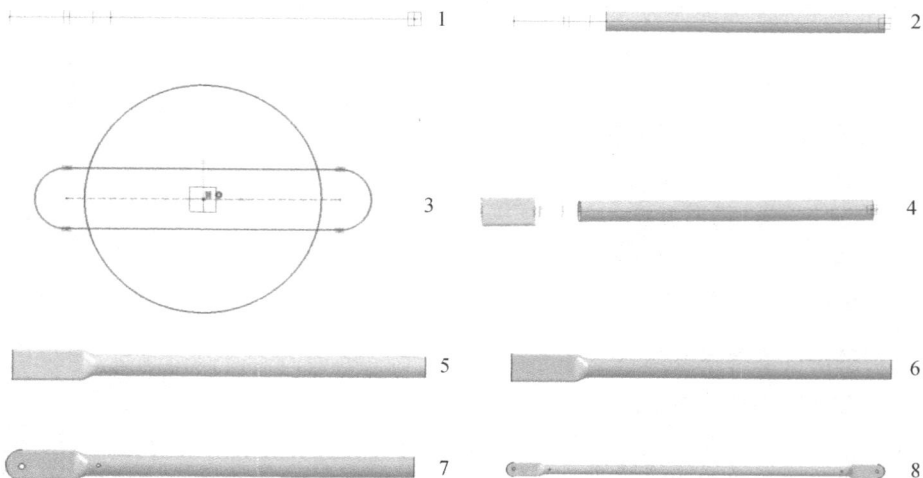

图 3 - 45 某飞机管零件三维建模参考步骤

步骤 2 根据飞行器零件三维建模规定,修改相应建模基准面。同时右击"零件几何体",单击"属性"对话框,选择"特征属性"按钮,把特征名称修改为翼肋零件号"24A032103 - 5",单击"确定"按钮,完成特征树修改。

步骤 3 以飞行器对称面为基准平面,单击"草图绘制"按钮 ，进入草图绘制平台。

根据管零件工程图样,绘制管零件中心线,单击"退出工作台"按钮 ，退出草图绘制平台。根据管零件局部特征建立相应的特征平面,如图 3 - 46 所示。

图 3 - 46 某飞机管零件中心线和特征平面

步骤 4 单击"曲面"工具栏里的"扫掠"按钮 ，弹出"扫掠曲面定义"对话框。在"轮廓类型"栏选择圆;子类型选择"圆心和半径",在"中心曲线"栏里选择"提取 1"(等截面管零件中心线),在"半径"栏里输入管零件的半径,其余选择默认值,如图 3 - 47 所示。单击"确定"生成管零件等截面部分,如图 3 - 48 所示。

步骤 5 以管零件特征切面为基准面分别建立管零件变截面草图,并确定相应的闭合点。单击"曲面"工具栏里的"多截面曲面"按钮 ，弹出"多截面曲面定义"对话框,如图 3 - 49 所示。分别选定变截面特征截面,确定闭合点和闭合方向。在"截面耦合"栏中选择

"相切",单击"确定"完成多截面管部分建模。单击"操作"工具栏里的"接合"按钮 ,选择管变截面部分和等截面部分,单击"确定"完成变截面管外曲面三维建模,如图 3 - 50 所示。

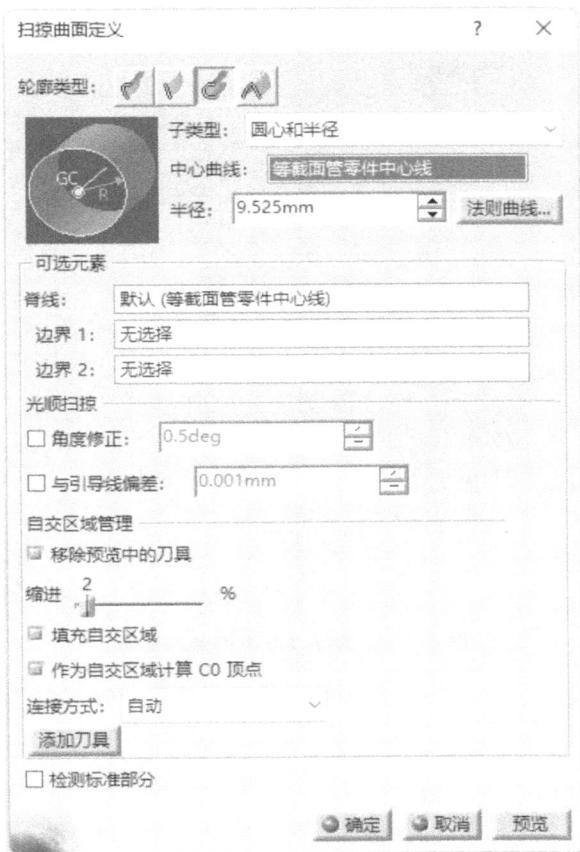

图 3 - 47 "扫掠曲面定义"对话框

图 3 - 48 管零件等截面部分

步骤 6 单击"零件设计基于曲面特征"工具栏里的"厚曲面"按钮 ,弹出"定义厚曲面"对话框,如图 3 - 51 所示。在"第一偏移"栏里输入相应壁厚;单击"要偏移的对象"栏,选择"接合.1"(管零件外表面曲面),选择壁厚增加的方向,单击"确定"生成管零件左半部实体,如图 3 - 52 所示。

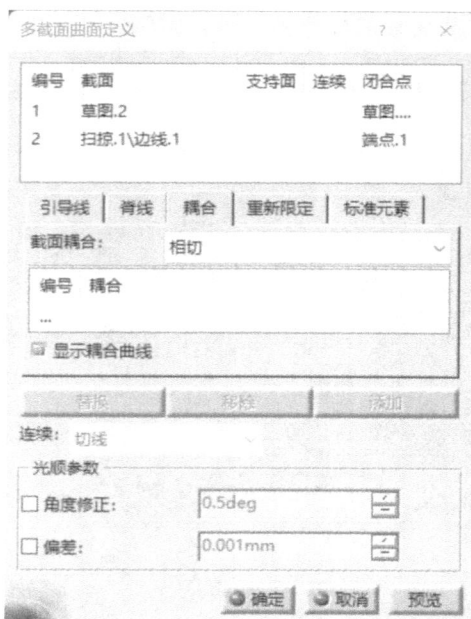

图 3-49　"多截面曲面定义"对话框

图 3-50　管零件左半部分外形面

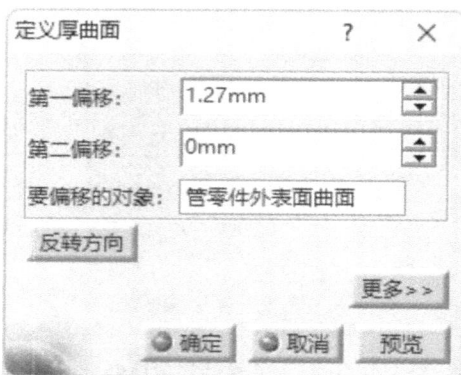

图 3-51　"定义厚曲面"对话框

图 3-52　管零件左半部分草绘实体模型

步骤7 以管零件左端平面为草绘基准面,单击"草图绘制"按钮 ,进入草图绘制平台,绘制管端头圆弧切割基线。单击"退出工作台"按钮 ,退出草图绘制平台。单击"曲面"工具栏里的"拉伸"按钮 ,弹出图3-53所示"拉伸曲面定义"对话框,在"轮廓"栏里选择所建立的管端头圆弧切割基线(即"分割2.1"),根据实际情况,在限制栏里填入相应尺寸值,单击"确定"完成管端头圆弧切割曲面创建。单击"零件设计基于曲面特征"工具栏里的"分割"按钮 ,弹出"分割定义"对话框,在分割元素栏里选择创建的管端头圆弧切割曲面,选择分割方向单击"确定"完成管端头圆角建模。以管零件左端平面为草绘基准面,单击"草图绘制"按钮 ,进入草图绘制平台,分别绘制管件打孔草图。单击"退出工作台"按钮 ,退出草图绘制平台。单击"基于草图特征"工具栏里的"凹槽"按钮 ,选择孔草图,完成管零件上孔的建模。管零件左半部分实体模型如图3-54所示。

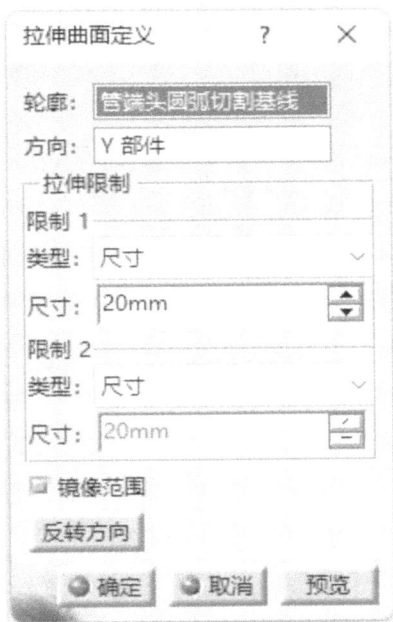

图3-53 "拉伸曲面定义"对话框

图3-54 管零件左半部分实体模型

步骤8 在工具栏里,单击"插入变换特征"工具栏里的"镜像"按钮,选择管零件左半部分实体模型的右端面,确定要镜像的对象,单击"确定",完成管零件三维建模,如图 3 - 55 所示。

图 3 - 55 管零件三维实体模型

第七节 练习与提高

(1)图 3 - 56(a)为某飞机长桁的二维视图,根据该二维视图建立其三维实体模型。

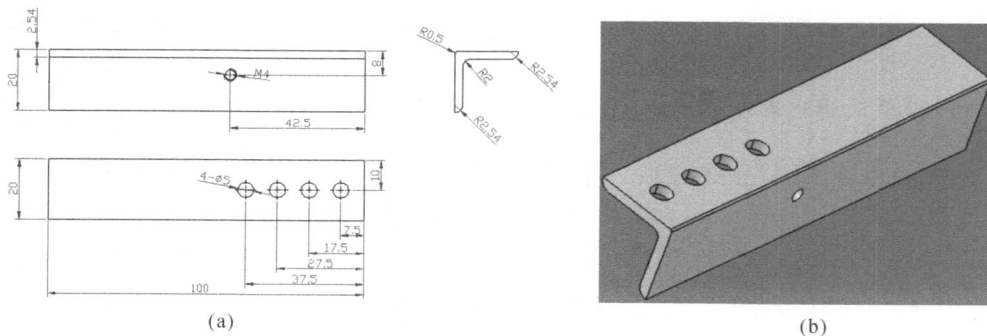

(a)

(b)

图 3 - 56 某飞机长桁图

(a)工程图;(b)参考模型

(2)图 3 - 57(a)为某飞机长桁与翼肋连接角片的二维视图,根据二维视图建立其三维实体模型,未注倒角为 $45°\times 1$ mm。

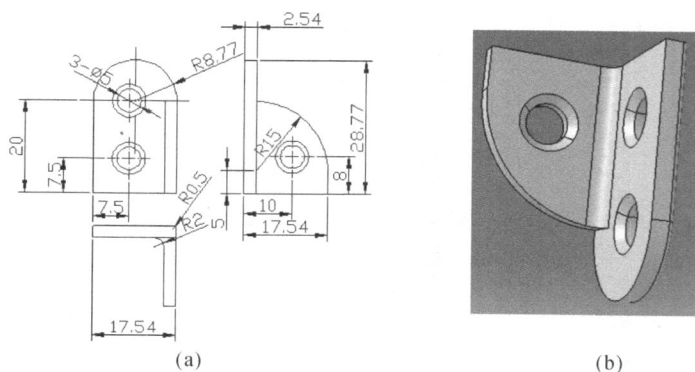

(a)

(b)

图 3 - 57 某飞机角片图

(a)工程图;(b)参考模型

（3）图 3-58(a)为某飞机翼肋的二维视图,根据二维视图建立其三维实体模型。

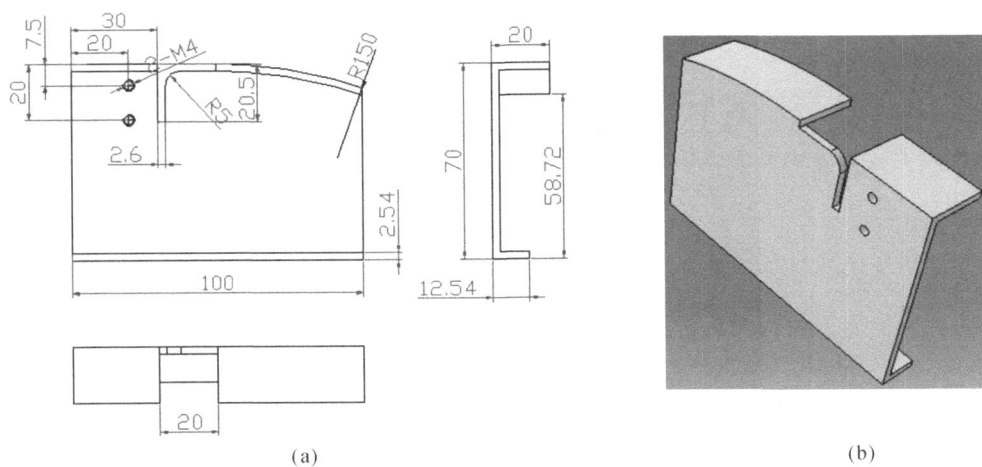

图 3-58　某飞机翼肋图
(a)工程图;(b)参考模型

第四章 飞行器接头厚板类零件三维建模

第一节 概 述

　　根据飞行器结构零件的分类可知,飞行器接头厚板类零件主要包括加强翼肋、加强隔框、翼梁接头和整体壁板等。此类零件三维建模用到的模块主要为零件建模模块和创成式外形设计模块。

第二节 接头类零件三维建模

(一)本节学习要点

(1)读懂接头类零件工程图。

(2)正确分析接头类零件建模过程。

(3)掌握接头类零件建模方法。

(二)接头类零件工程图分析

1.接头零件清单和工程图

　　根据某飞机起落架零件清单,获得了该起落架零件的件号(24A032104-1),根据零件件号确定图号,找出了相应图纸(见图4-1),并查找出对应图号的 PL 文件,获取了该起落架零件信息(视图区域、材料等信息)。

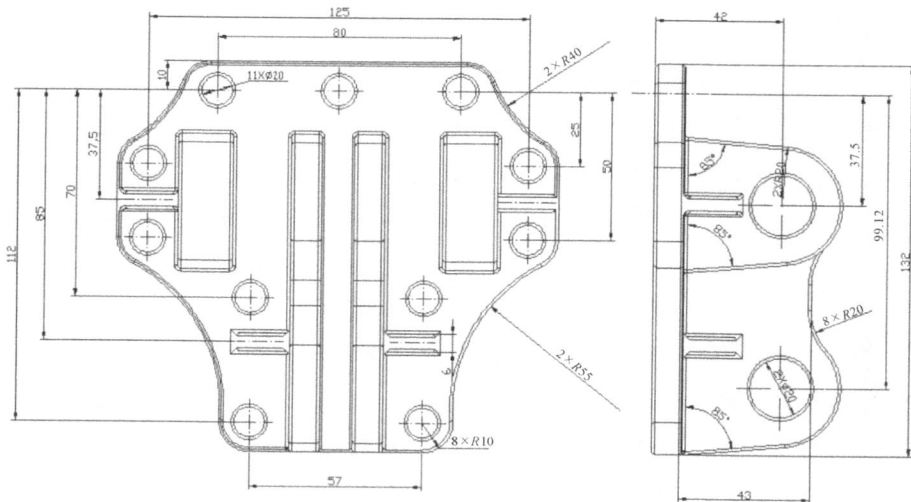

图 4-1　某飞机起落架接头工程图

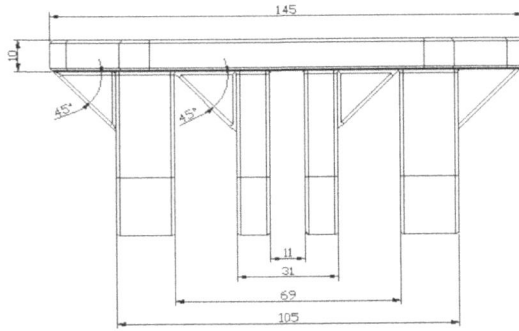

续图 4-1　某飞机起落架接头工程图

2.起落架接头建模参考步骤

某飞机起落架接头三维建模参考步骤如图 4-2 所示。

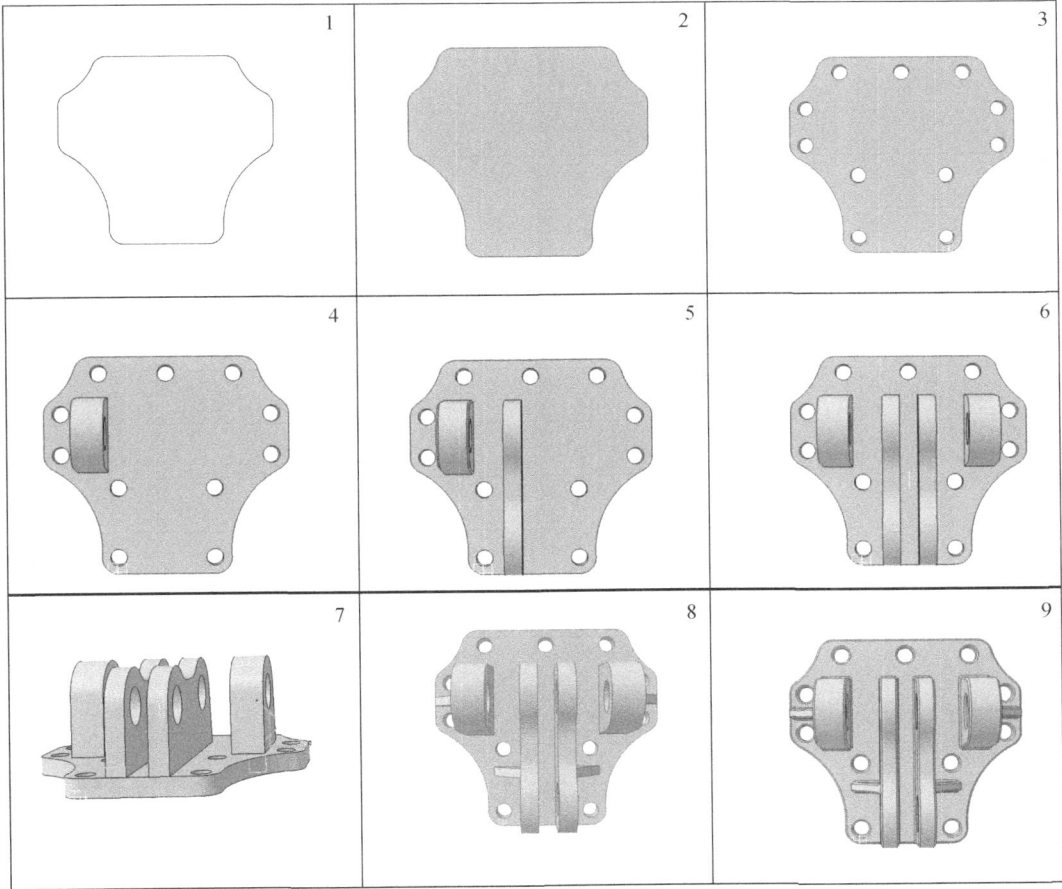

图 4-2　某飞机起落架接头三维建模参考步骤

（三）某飞机起落架接头三维建模过程

步骤 1 单击菜单栏中的"开始"→"机械设计"→"零件设计"，弹出"新建零件"对话框，输入角片零件号"24A032104－1"，勾选"启用混合设计"，单击"确定"按钮，进入某飞机起落架接头绘制平台。

步骤 2 根据飞行器零件三维建模规定，修改相应建模基准面。同时右击"零件几何体"，单击"属性"对话框，选择"特征属性"，把特征名称修改为起落架接头零件号"24A032104－1"，单击"确定"按钮，完成特征树修改。

步骤 3 根据起落架接头零件工程图样，建立其草绘平面，单击"草图绘制"按钮 ，进入草图绘制平台。根据起落架接头工程图样，绘制起落架接头左半部底板轮廓，然后单击"操作"工具栏里的"镜像"按钮 ，生成完整的起落架接头底板轮廓，如图 4-3 所示。单击"退出工作台"按钮 ，退出草图绘制工作台。

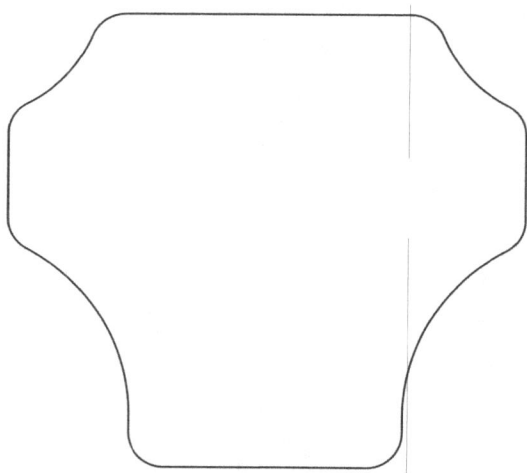

图 4-3 起落架接头底板轮廓

步骤 4 单击"基于草图特征"工具栏里的"凸台"按钮 ，弹出"定义凸台"对话框，如图 4-4 所示。在"定义凸台"对话框"第一限制栏"中，"类型"选择"尺寸"，"长度"输入"10 mm"。在"轮廓/曲面"栏中选择所绘的起落架接头底板轮廓（即"草图.3"），单击"确定"生成起落架底板，如图 4-5 所示。

步骤 5 单击"基于草图特征"工具栏里的"孔"按钮 ，选择起落架接头底板三维模型上表面,单击弹出"定义孔"对话框,如图 4-6 所示。在"定义孔"对话框"扩展"栏里选择"直到下一个";在"直径"栏里输入"10 mm";单击"定位草图"按钮 ,完成孔定位操作。同理完成其余起落架接头底板上孔的绘制,如图 4-7 所示。

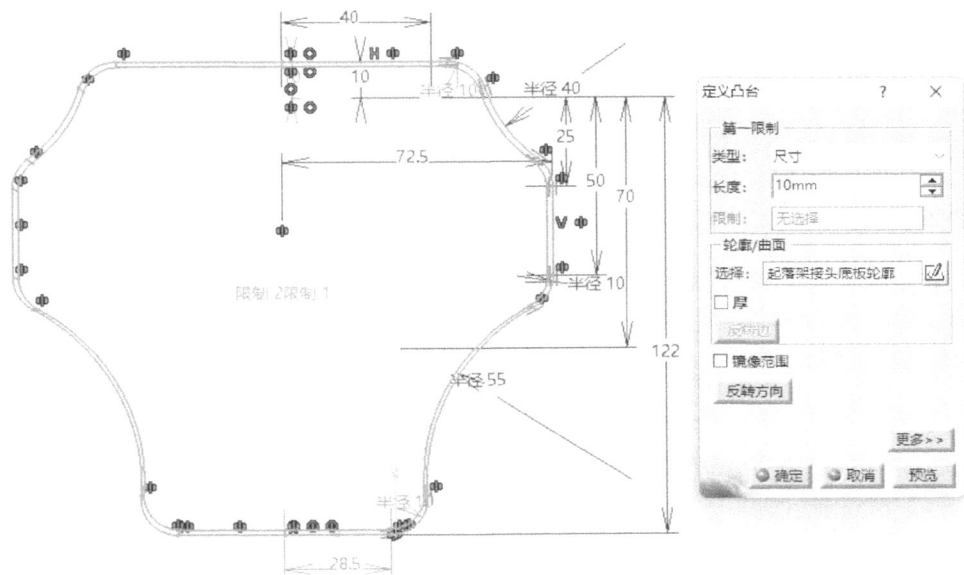

图 4-4　"定义凸台"对话框

图 4-5　起落架接头底板三维模型

　　步骤 6　根据起落架接头零件工程图样,确定外侧耳叉拉伸基准面。单击"参考元素"工具栏里的"平面"按钮,弹出"平面定义"对话框,如图 4-8 所示。在"平面定义"对话框的"平面类型"栏里选择"偏移平面"选项;在"参考"栏里选择飞机起落架接头底板对称平面(即"零面");根据起落架接头零件工程图样,在"偏移"栏里输入"5.5 mm",建立内侧耳叉草绘基准面。单击"草图绘制"按钮 ，进入草图绘制平台。根据内侧耳片工程图，绘制其轮廓，如图 4-9 所示。单击"退出工作台"按钮 ，退出草图绘制平台。单击"基于草图特征"工具栏里的"凸台"按钮 ，弹出"定义凸台"对话框。在"定义凸台"对话框"第一限制"栏中，"类型"选择"尺寸"，长度输入"10 mm"。在"轮廓/曲面"栏中选择上述绘制的轮廓，单击"确定"生成内侧耳叉。单击"基于草图特征"工具栏里的"孔"按钮 ，选择内侧耳叉表面，单击弹出"定义孔"对话框。在"定义孔"对话框"扩展"栏里选择"直到下一个"，在"直径"栏里输入"20 mm"；单击"定位草图"按钮 ，完成孔定位操作，单击"退出工作台"按钮，完成孔绘制，如图 4-10 所示。

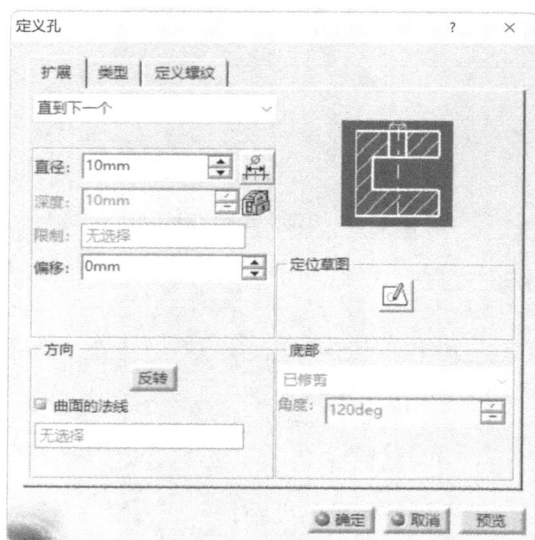

图 4-6 "定义孔"对话框

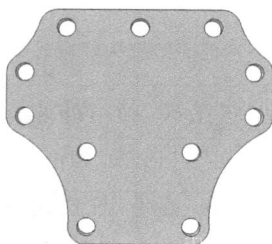

图 4-7 起落架接头底板制孔后的三维模型

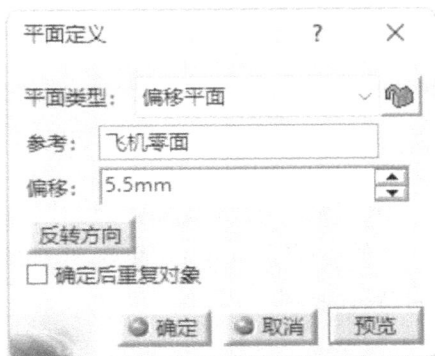

图 4 - 8　"平面定义"对话框

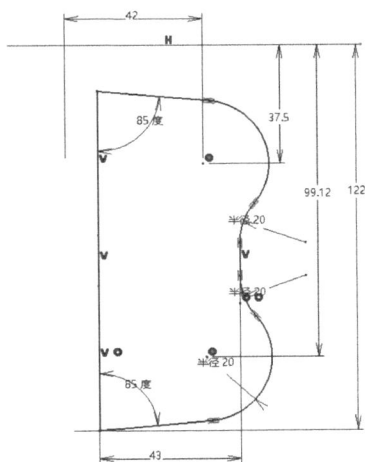

图 4 - 9　内侧耳片工程图

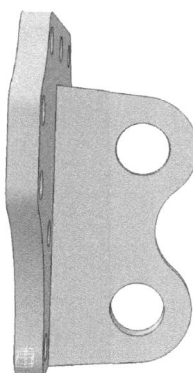

图 4 - 10　内侧耳叉三维模型

步骤 7　同理,按步骤 6 绘制出外侧耳叉,如图 4 - 11 所示。

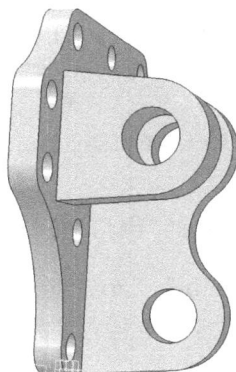

图 4 - 11　外侧耳叉三维模型

步骤 8 单击"参考元素"工具栏里的"平面"按钮 ,创建肋基准面。以肋基准面为草绘平面,单击"草图绘制"按钮 ,进入草图绘制平台,绘制肋生成线。单击"退出工作台"按钮 ,退出草图绘制平台。单击"基于草图特征"工具栏里的"加强肋"按钮 ,弹出"定义加强肋"对话框,如图 4 - 12 所示。在"定义加强肋"对话框中,"模式"选择"从侧面",在"线宽"选项"厚度"栏中输入肋的厚度"5 mm"。"轮廓"选择绘制的肋草图(即草图.9),单击"确定",生成肋。同理,创建其余肋,如图 4 - 13 所示。

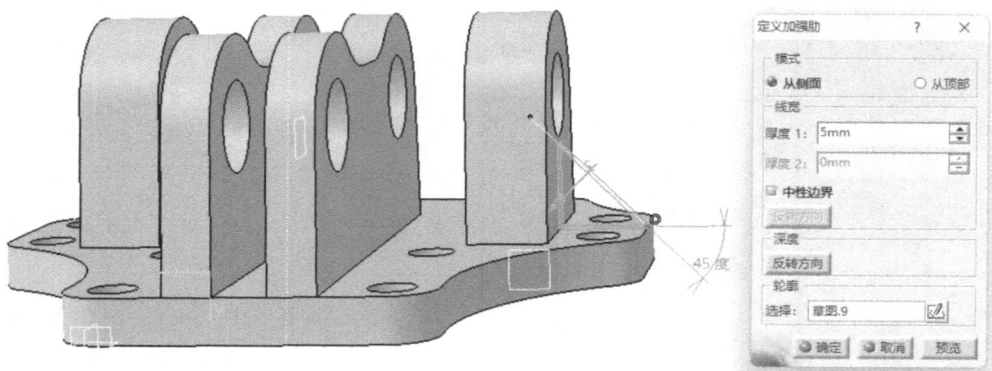

图 4 - 12 "定义加强肋"对话框

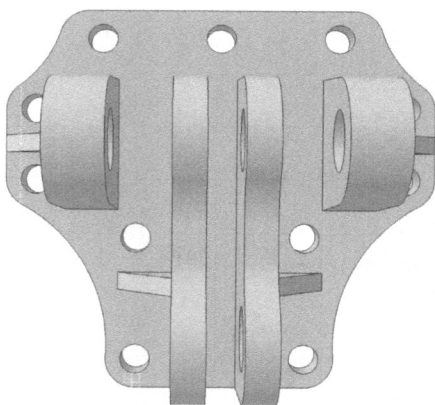

图 4 - 13 起落架接头肋三维模型

步骤 9 单击"修饰特征"工具栏中的"倒角"按钮 ,弹出"定义倒角"对话框,如图 4 - 14 所示。在"长度 1"栏中输入"1 mm","角度"栏中输入"45deg"(即 45°),"拓展"栏选择"相切",选中起落架接头轮廓和孔棱边,单击"确定"完成孔和底板棱边倒角。

步骤 10 单击"修饰特征"工具栏中的"倒圆角"按钮 ,弹出"倒圆角定义"对话框,如图 4 - 15 所示。在"半径"栏中输入"1 mm",单击"要圆角化的对象"栏,选中起落架接头底板与耳叉和肋板交线以及耳叉棱边,单击"确定"完成倒圆角。建立的起落架接头三维模型如图 4 - 16 所示。

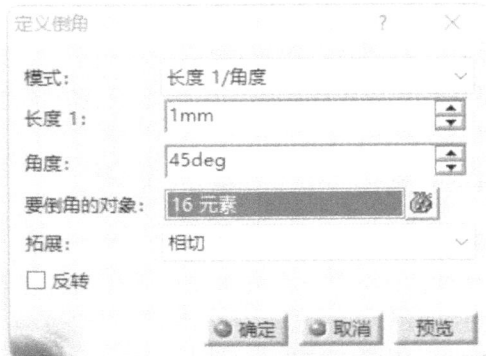

图 4 - 14　"定义倒角"对话框

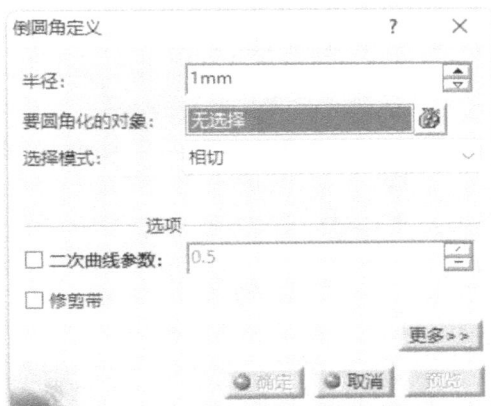

图 4 - 15　"倒圆角定义"对话框

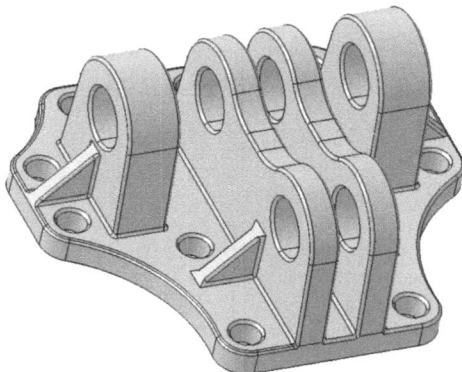

图 4 - 16　起落架接头三维模型

第三节 加强隔框三维建模

(一)本节的学习要点

(1)读懂加强隔框类零件工程图及其位置信息。

(2)正确分析加强隔框零件建模过程。

(3)掌握加强隔框零件建模方法。

(二)加强隔框零件工程图分析

1.加强隔框零件清单和工程图

根据某飞机加强隔框零件清单,获得了该加强框零件的件号(24A032104-2),根据零件件号确定图号,找出了相应图纸,并查找出对应图号的 PL 文件,获取了该加强隔框零件信息(视图区域、材料等信息)。从加强隔框工程图(见图 4-17)就可以获得其尺寸位置信息(加强隔框占位面为 STA12000、WL2814)。

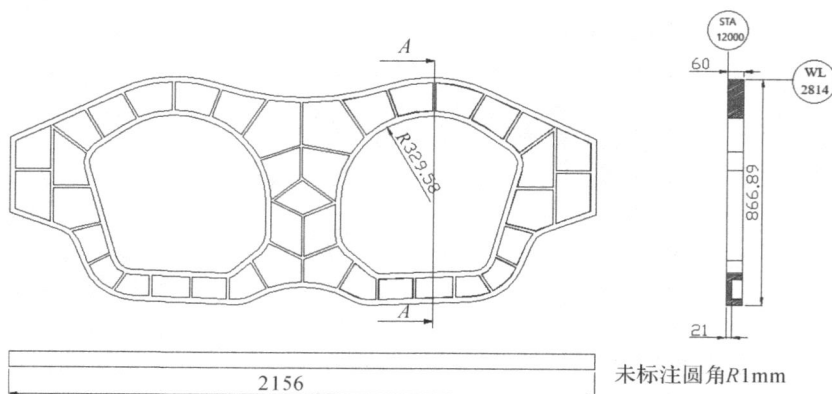

图 4-17 某飞机加强隔框工程图

2.加强隔框零件建模参考步骤

由图 4-17 可知,某飞机加强隔框零件工程图尺寸标注不全。因此,采用描点法建立该加强隔框三维模型。某飞机加强隔框三维建模参考步骤如图 4-18 所示。

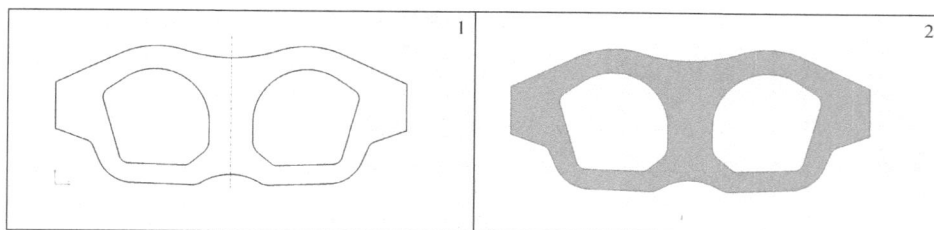

图 4-18 某飞机加强隔框三维建模参考步骤

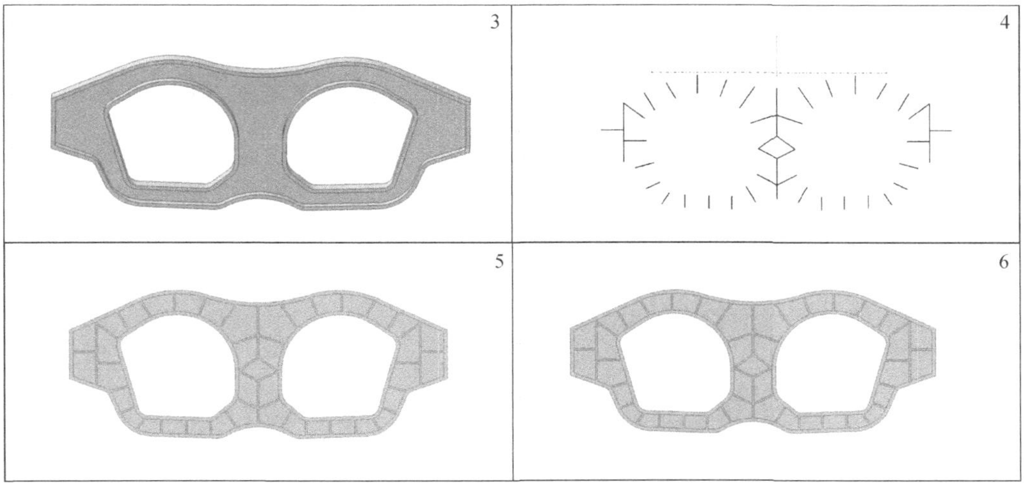

续图 4 - 18　某飞机加强隔框三维建模参考步骤

(三)加强隔框建模过程

步骤 1　打开 CATIA 平台,单击"开始"→"Shape"→"Sketch Tracer",进入"Sketch Tracer"模块。调整视图模式,选择"含材料着色"显示模式。确定合适的观察视图角度,点击"Create an Immersive Sketch"命令按钮  ,插入需要描图的图片,调整图片的位置和尺寸,使其边缘与产品的边缘贴合,如图 4 - 19(细节可下载本章电子资源查看)所示,单击"确定"完成图片插入。

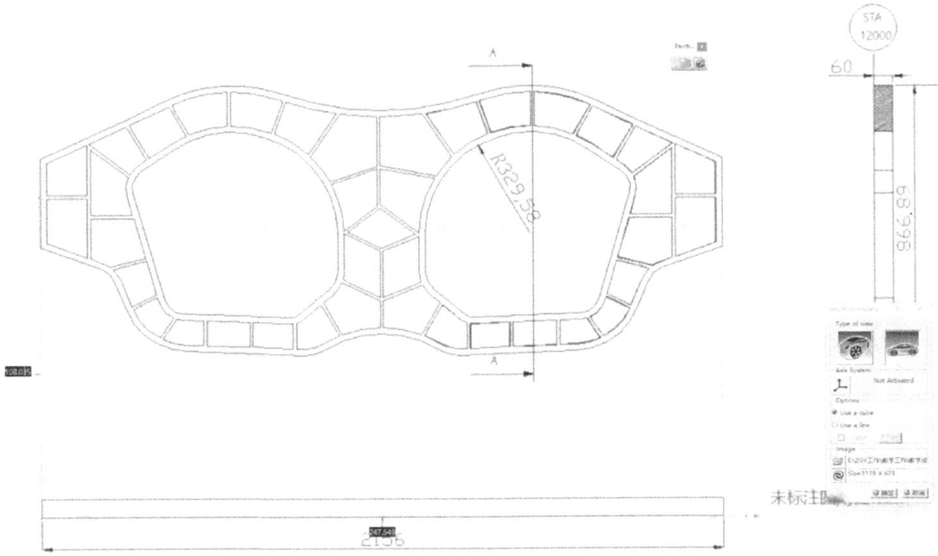

图 4 - 19　CATIA 图片插入

步骤 2 单击"插入"→"新建零件"按钮 ![icon]，点击"Product1"，新建零件。单击结构树上零件左端的"＋"，进入零件绘制平台。选择相应的草图绘制基准面，单击"草图绘制"按钮 ![icon]，进入草图绘制平台。根据加强隔框零件二维图样，描绘加强隔框左半部轮廓，然后单击"操作"工具栏里的"镜像"按钮 ![icon]，生成完整的加强隔框轮廓，如图 4－20 所示。

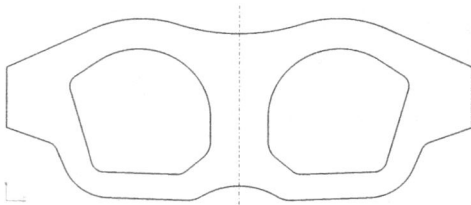

图 4－20　某加强隔框草图

步骤 3 单击菜单栏中的"开始"→"机械设计"→"零件设计"，弹出"新建零件"对话框，输入角片零件号"24A032104－2"，勾选"启用混合设计"，单击"确定"按钮，进入某飞机加强隔框绘制平台。

根据飞行器零件三维建模规定，修改相应建模基准面。同时右击"零件几何体"，单击"属性"对话框，选择"特征属性"按钮，把特征名称修改为加强隔框零件号"24A032104－2"，单击"确定"按钮，完成特征树修改。

步骤 4 根据加强隔框工程图样，确定其空间位置信息。单击"参考元素"工具栏里的"平面"按钮 ![icon]，建立加强隔框草图绘制基准面。单击"草图绘制"按钮 ![icon]，进入草图绘制平台。确定加强隔框草图绘制空间位置，复制步骤 2 描绘的加强隔框轮廓，粘贴到相应位置上，完成加强隔框轮廓线的绘制。

步骤 5 单击"基于草图特征"工具栏里的"凸台"按钮 ![icon]，弹出"定义凸台"对话框，如图 4－21 所示。在"定义凸台"对话框"第一限制"栏中，"类型"选择"尺寸"，"长度"输入"60 mm"。在"轮廓/曲面"栏中选择"隔框轮廓"（即所绘的加强隔框轮廓草图），单击"确定"生成加强隔框轮廓三维模型，如图 4－22 所示。

步骤 6 单击"修饰特征"工具栏里的"抽壳"按钮 ![icon]，弹出"定义盒体"对话框，如图 4－23 所示。在"默认内侧厚度"栏里输入"21 mm"，"默认外侧厚度"栏里输入"0 mm"，要移除的面根据加强隔框工程图样来选择。单击"确定"，完成加强隔框抽壳建模，如图 4－24 所示。

图 4-21　"定义凸台"对话框

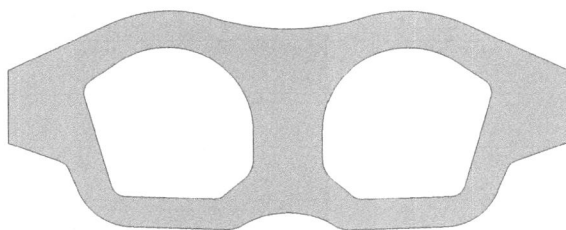

图 4-22　加强隔框轮廓三维模型

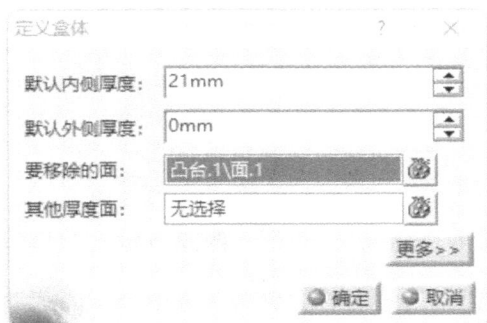

图 4-23　"定义盒体"对话框

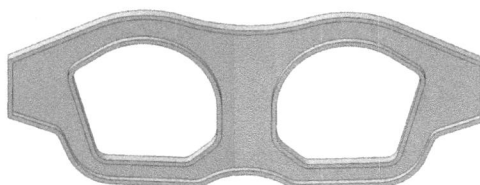

图 4-24　加强隔框抽壳三维模型

步骤 7　重复步骤 2，根据加强隔框零件工程图样，描绘加强隔框的加强肋基线，如图 4-25 所示。单击"退出工作台"按钮 ，退出草图绘制工作台，完成加强肋基线的描绘。

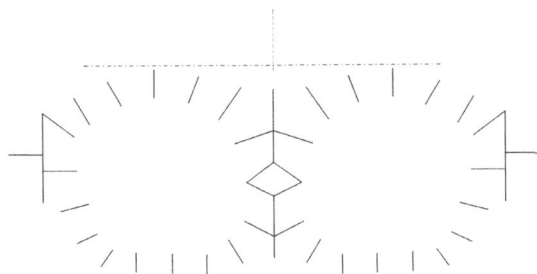

图 4-25　加强隔框的加强肋基线

步骤 8　确定加强隔框草图绘制空间位置,复制步骤 7 描绘的加强肋基线,粘贴到相应位置上,完成加强肋基线的绘制。

步骤 9　单击"基于草图特征"工具栏里的"加强肋"按钮 ，弹出"定义加强肋"对话框,如图 4-26 所示。在"定义加强肋"对话框的"模式"栏中选择"从顶部";在"线宽"栏"厚度 1"栏中输入肋板的厚度 10 mm,"厚度 2"默认为 0 mm。在轮廓栏中选择加强筋(即所绘的加强隔框肋基线草图),单击"确定"生成加强肋三维模型,图 4-27 所示。

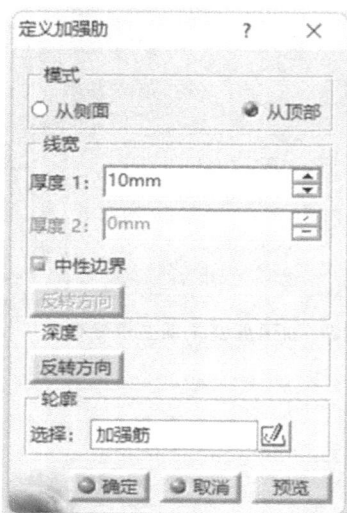

图 4-26　定义加强肋对话框

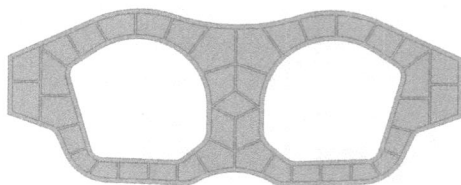

图 4-27　加强肋三维模型

步骤 10　单击"修饰特征"工具栏中的"倒圆角"按钮 ，弹出"倒圆角定义"对话框,如图 4-28 所示。在"半径"栏输入"1 mm",单击"要圆角化的对象"栏,选中加强隔框肋底面,单击"确定"完成倒圆角。建立的加强隔框三维模型如图 4-29 所示。

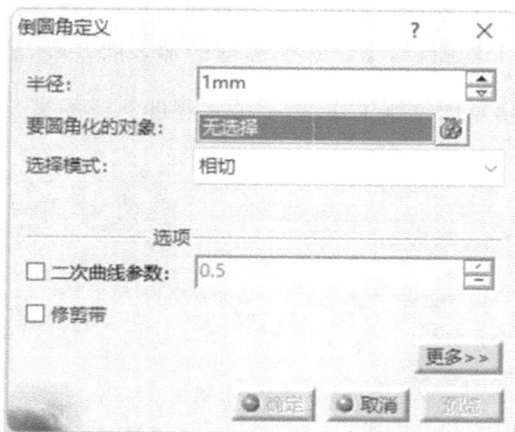

图 4-28　"倒圆角定义"对话框

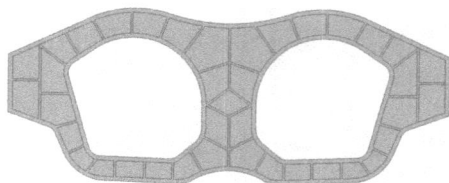

图 4-29　加强隔框三维模型

第四节　加强翼肋三维建模

(一)本节学习要点

(1)读懂加强翼肋类零件工程图及其位置信息。

(2)正确分析加强翼肋零件建模过程。

(3)掌握加强翼肋零件建模方法。

(二)加强翼肋零件分析

1.加强翼肋零件清单和工程图

根据某飞机加强翼肋零件清单,获得了该加强肋零件的件号(24A032104 - 3),根据零件件号确定图号,找出了相应图纸,并查找出对应图号的 PL 文件,获取了该加强翼肋零件信息(视图区域、材料等信息)。从加强翼肋工程图(见图 4 - 30)就可以获得其尺寸位置信息(加强翼肋有关位置信息为 STA2742.00、STA2753.10、WL275.00 和 BL10.00)。由该加强翼肋工程图还可知,该加强翼肋两端有两个加强窝,并且有一个弯边为变角度,进而增加了建模难度。

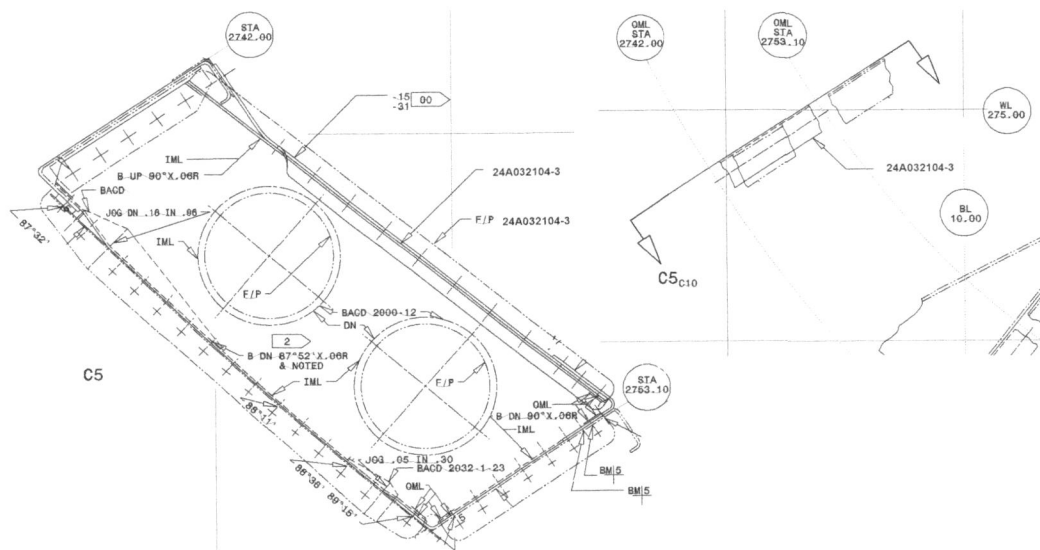

图 4 - 30　某飞机加强翼肋工程图

2.加强隔框零件建模参考步骤

由图 4 - 30 可知,某飞机加强翼肋工程图没有标注尺寸,只有具体的空间位置信息。因此,采用描点法建立该加强翼肋三维模型。某飞机加强翼肋三维建模参考步骤如图 4 - 31 所示。

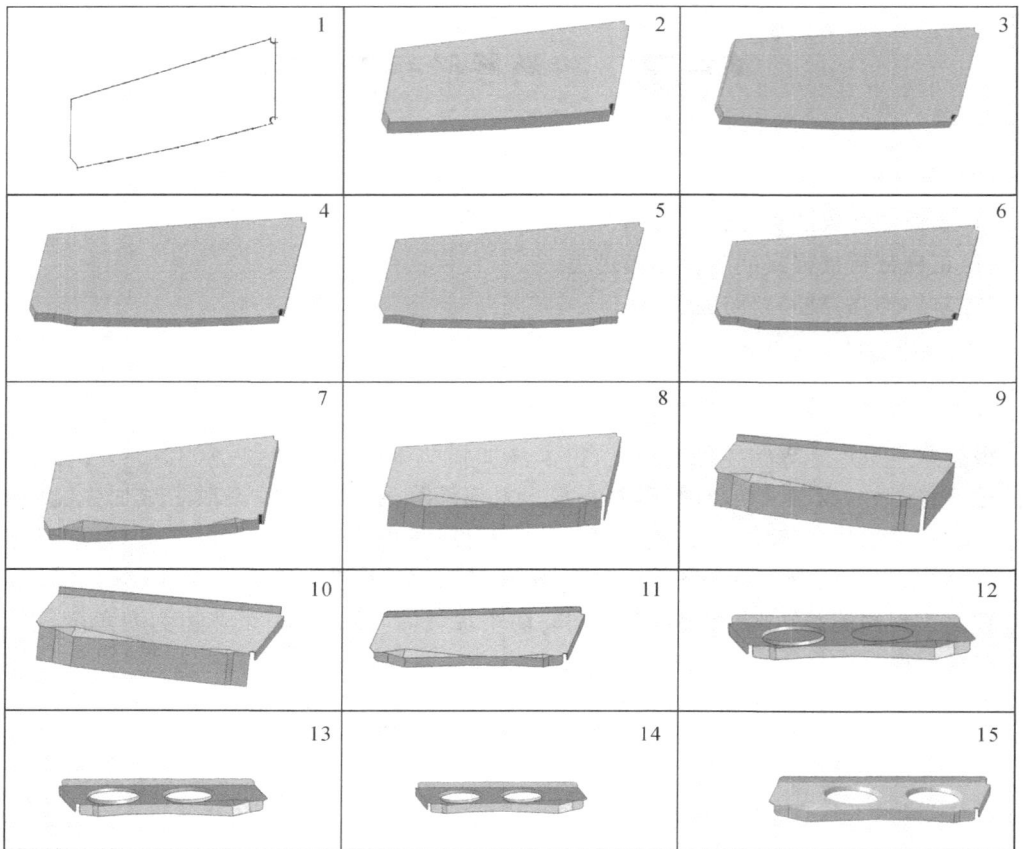

图 4-31　某飞机加强翼肋建模参考步骤

(三)加强翼肋建模过程

步骤 1　打开 CATIA 平台,单击"开始"→"Shape"→"Sketch Tracer",进入"Sketch Tracer"模块。调整视图模式,选择"含材料着色"显示模式。确定合适的观察视图角度,点击"Create an Immersive Sketch"命令按钮 ▨,插入需要描图的图片,调整图片的位置和尺寸,使其边缘与占位面贴合,如图 4-32(细节可下载本章电子资源查看)所示,单击"确定"完成图片插入。

步骤 2　单击"插入"→"新建零件"按钮 ▨,点击"Product1",新建零件。单击结构树上零件左端的"+",进入零件绘制平台。选择相应的草图绘制基准面,单击"草图绘制"按钮 ▨,进入草图绘制平台。根据加强翼肋工程图,描绘加强翼肋轮廓,如图 4-33 所示。

步骤 3　单击菜单栏"开始"→"机械设计"→"零件设计",弹出"新建零件"对话框,输入加强翼肋零件号"24A032104-3",勾选"启用混合设计",单击"确定"按钮进入某飞机加强翼肋绘制平台。

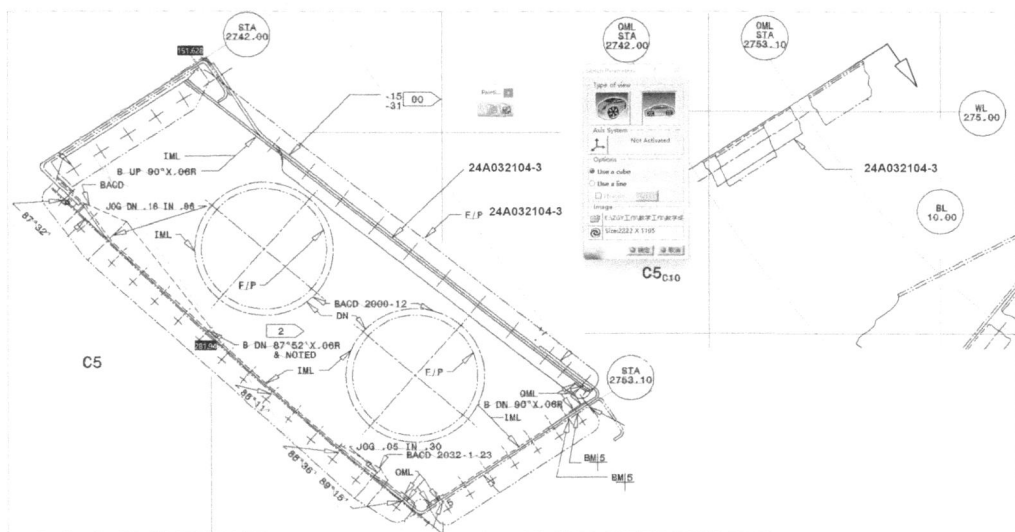

图 4 - 32　CATIA 导入加强翼肋工程图

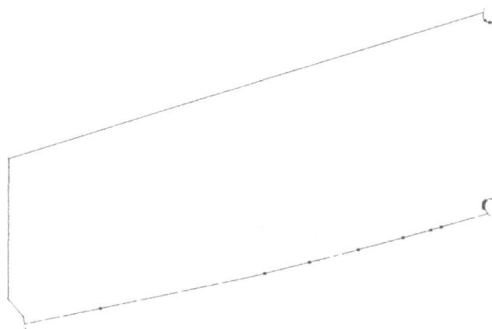

图 4 - 33　某加强翼肋草图

　　根据飞行器零件三维建模规定,修改相应建模基准面。同时右击"零件几何体",单击"属性"对话框,选择"特征属性"按钮,把特征名称修改为加强翼肋零件号"24A032104 - 3",单击"确定"按钮,完成特征树修改。

　　步骤 4　根据加强翼肋工程图样,确定其空间位置信息。单击"参考元素"工具栏里的"平面"按钮 [图标],建立加强翼肋草图绘制基准面。单击"草图绘制"按钮 [图标],进入草图绘制平台。确定加强翼肋草图绘制空间位置,复制步骤 2 描绘的加强翼肋轮廓,粘贴到相应位置上,完成加强翼肋轮廓线的绘制。

步骤 5 单击"基于草图特征"工具栏里的"凸台"按钮 ，弹出"定义凸台"对话框，如图 4-34 所示。在"定义凸台"对话框"第一限制"栏中，"类型"选择"尺寸"；"长度"输入"50.8 mm"。在"轮廓/曲面"栏中选择拉伸出 24A032104-3 的草图（即所绘的加强翼肋轮廓草图），单击"确定"生成加强翼肋轮廓三维模型，如图 4-35 所示。

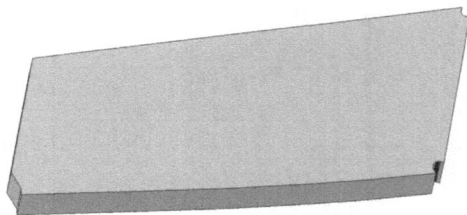

图 4-34 "定义凸台"对话框　　**图 4-35** 加强翼肋轮廓三维模型

步骤 6 单击"修饰特征"工具栏里的"拔模斜度"按钮，弹出"定义拔模"对话框，如图 4-36 所示。"拔模类型"选择变量，"要拔模的面"选择变角度弯边（即"2 元素"），"中性元素"选择"加强肋\面.2"，在变角度弯边和加强肋底面相交的棱线上拾取对应点，双击对应的拔模角进行对应拔模斜度修改，完成变角度弯边拔模。

步骤 7 定义辅助几何，切换到"外形"→"创成式外形设计"模块。单击"操作"工具栏里的"提取"按钮，提取变角度拔模斜度面。根据加强肋工程图信息向内偏移 4.046 mm；单击"参考元素"中的"平面"按钮，建立下陷特征平面；单击"操作"工具栏中的"分割"按钮，分割出下陷元素；单击"操作"工具栏中的"外插延伸"按钮，选择下陷元素进行相应外插延伸；单击"曲面"工具栏中的"填充"按钮，选择下陷斜面边缘线进行填充；单击"操作"工具栏中的"接合"按钮，完成下陷各面的结合处理。切换到"零件设计"模块，单击"基于曲面特征"工具栏里的"分割"按钮，选择上述结合面，确定正确的分割方向，完成左端下陷建模。同理，可完成右端下陷建模，如图 4-37 所示。

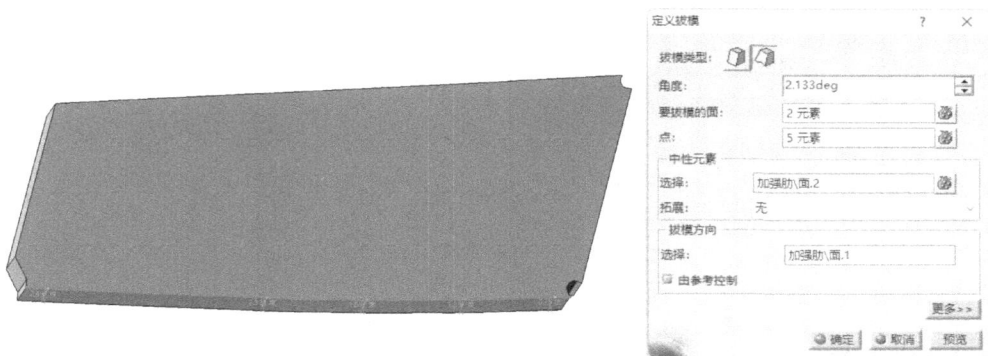

图 4 - 36　设定拔模斜度

图 4 - 37　加强肋下陷三维模型

步骤 8　定义辅助几何，切换到"外形"→"创成式外形设计"模块。单击"参考元素"中的"点"按钮 ■，建立左端加强窝控制点；单击"参考元素"中的"平面"按钮 ▱，建立加强窝特征平面。分别以加强窝特征平面为草绘平面，建立加强窝特征线。退出草图绘制平台，单击"曲面"工具栏里的"多截面曲面"按钮 ⌂，弹出"多截面曲面定义"对话框，如图 4 - 38 所示，选择加强窝左边两特征线，单击"确定"建立加强窝左侧控制曲面。同理，创建加强窝右侧控制曲面。单击操作工具栏中的"外插延伸"按钮 ⟋，分别选择加强窝左侧控制曲面左右边界线进行相应外插延伸。单击操作工具栏中的"接合"按钮 ▦，接合外插延面和左右加强窝左侧控制曲面，如图 4 - 39 所示。切换到"零件设计"模块，单击"基于曲面的特征"工具栏里的"分割"按钮 ▣，弹出"定义分割"对话框，如图 4 - 40 所示，选择缝合的加强窝曲面，选择对应分割方向，单击"确定"完成左侧加强窝绘制。同理，完成右侧加强窝绘制。最后完成加强翼肋加强窝绘制，如图 4 - 41 所示。

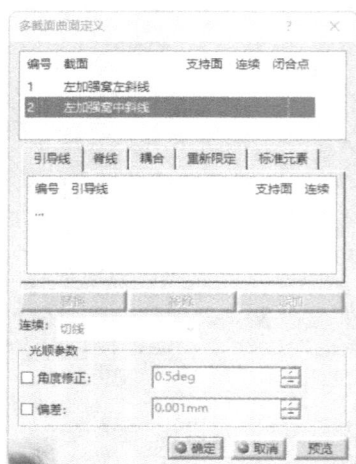

图4-38　"多截面曲面定义"对话框

图4-39　加强分割缝合曲面

图4-40　定义分割

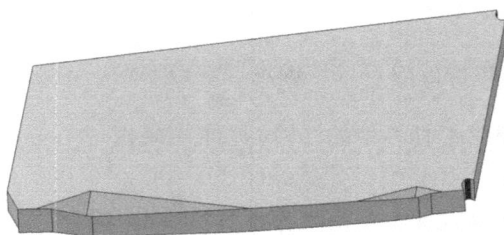

图4-41　加强肋加强窝三维模型

步骤9　进入"零件设计"模块,单击"修饰特征"工具栏里的"盒体"按钮 ,弹出"定义盒体"对话框,如图4-42所示。在"默认内侧厚度"栏里输入加强翼肋的壁厚1.016 mm,"默认外侧厚度"0 mm,其他厚度面无选择;根据加强翼肋工程图样,选择要移除的面,单击

"确定"完成翼肋草绘三维建模,如图4-43所示。

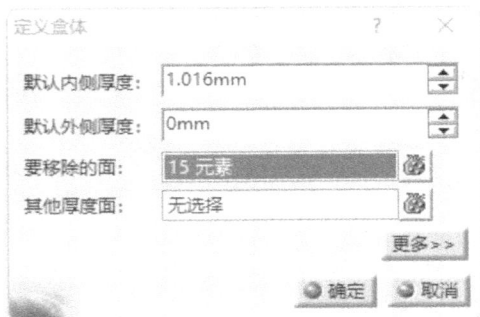

图4-42 定义盒体对话框

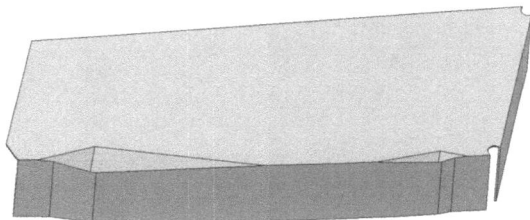

图4-43 翼肋草绘三维模型

步骤10 以占位面STA2753.10(单位为in)为草绘基准平面,描绘加强翼肋外轮廓线,再封闭加强肋外轮廓线,如图4-44所示,退出草图绘制平台。单击"基于草图特征"工具栏里的"凹槽"按钮 ,弹出"定义凹槽"对话框,如图4-45所示。在"定义凹槽"对话框"第一限制"栏中,"类型"选择"尺寸","深度"输入2.54 mm。在"轮廓/曲面"栏中选择"切出右侧下翻的草图"(即所绘的封闭加强肋外轮廓草图),单击"确定"完成加强翼肋右侧下翻边三维建模。同理,分别完成加强翼肋剩余各弯边三维建模,如图4-46所示。

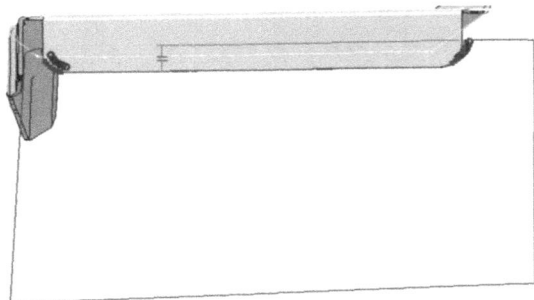

图4-44 封闭加强肋外轮廓线

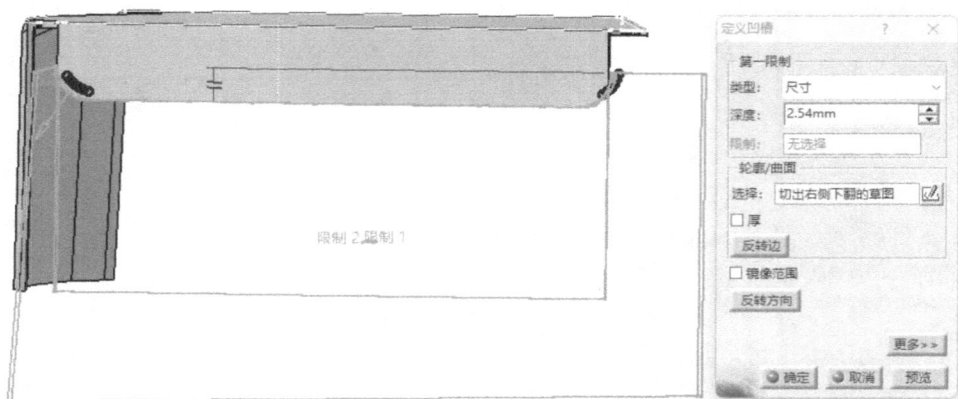

图 4-45　"定义凹槽"对话框

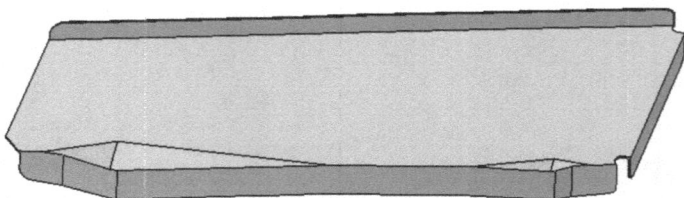

图 4-46　加强翼肋弯边三维模型

步骤 11　进入"零件设计"模块,以加强翼肋底面为草绘基准面,绘制加强翼肋右减轻孔凸台拉伸草图,如图 4-47 所示,退出草图绘制平台。单击"基于草图特征"工具栏里的"凸台"按钮 ⬚ ,弹出"定义凸台"对话框,如图 4-48 所示。在"定义凸台"对话框"第一限制"栏中,"类型"选择"尺寸","长度"输入"6.096 mm"。在"轮廓/曲面"栏中选择"拉出右减轻孔的凸台的草图"(即所绘的加强翼肋右减轻孔凸台拉伸草图),单击"确定"生成加强翼肋右减轻孔凸台。同理,建立加强翼肋左减轻孔凸台三维模型。加强翼肋减轻孔凸台三维模型如图 4-49 所示。

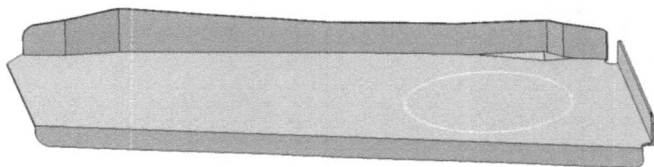

图 4-47　右减轻孔凸台拉伸草图

步骤 12　以加强翼肋底面为草绘基准面,绘制加强翼肋右减轻孔底面切除草图,退出草图绘制平台。单击"基于草图特征"工具栏里的"凹槽"按钮 ,弹出"定义凹槽"对话框。在"定义凹槽"对话框"第一限制"栏中,"类型"选择"下一个","偏移"栏输入"0 mm";在"轮廓/曲面"栏中选择"所绘的右减轻孔底面切除伸草图",单击"确定"完成加强翼肋右减轻孔底面切除。同理,完成左减轻孔底面切除,加强翼肋减轻孔底面切除三维模型如图 4 - 50 所示。

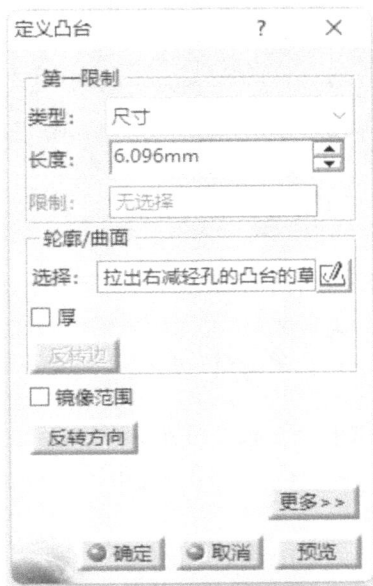

图 4 - 48 "定义凸台"对话框

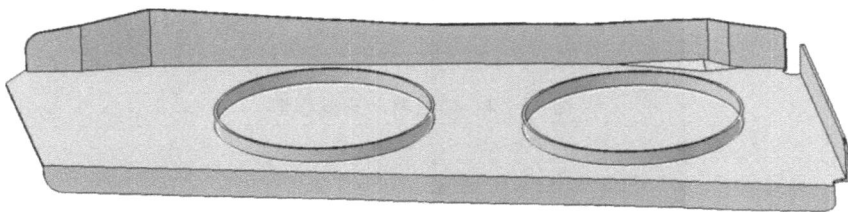

图 4 - 49 加强翼肋减轻孔凸台三维模型

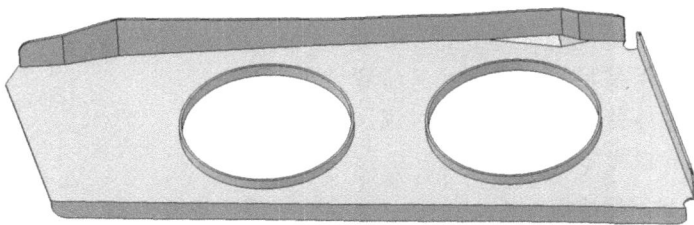

图 4 - 50 加强翼肋减轻孔底面切除三维模型

步骤 13 单击"修饰特征"工具栏里的"拔模斜度"按钮 ，弹出"定义拔模"对话框。"拔模类型"选择常量，"要拔模的面"选择"右减轻孔内表面"，"中性元素"选择"加强肋底面"，单击"确定"完成右减轻孔拔模，同理，完成左减轻孔拔模。加强翼肋减轻孔三维模型如图 4 - 51 所示。

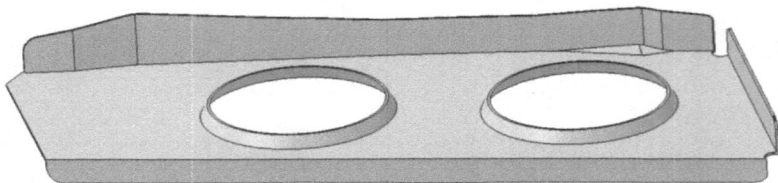

图 4 - 51 加强翼肋减轻孔三维模型

步骤 14 单击"修饰特征"中的"倒圆角"按钮 ，弹出"倒圆角定义"对话框。根据加强翼肋工程图样，在"半径"栏中输入"1.524 mm"，单击"要圆角化的对象"栏，选中加强翼肋中需要倒圆角的棱边，"模式"选择"相切"，单击"确定"完成加强翼肋倒圆角。建立的加强翼肋三维模型如图 4 - 52 所示。

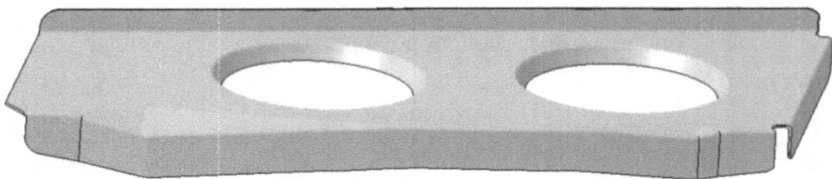

图 4 - 52 加强翼肋三维模型

第五节 整体壁板类零件三维建模

(一)本节学习要点

(1)读懂整体壁板类零件工程图及其位置信息。

(2)正确分析整体壁板类零件建模过程。

(3)掌握整体壁板类零件建模方法。

(二)整体壁板类零件建模分析

1. 整体壁板类零件清单和工程图

根据某飞机整体壁板类零件清单，获得了该整体壁板类零件的件号（24A032104 - 4），根据零件件号确定图号,找出了相应图纸,并查找出对应图号的 PL 文件,获取了该加强翼肋零件信息(视图区域、材料等信息)。从整体壁板类工程图(见图 4-53)就可以获得该整体壁板的尺寸位置信息(具体位置信息为站位 STA3768、STA5803、WL758 、LBL927 和LBL3022)。由该整体壁板类工程图还可知,该整体壁板既有加强筋又有开口,并且该壁板为一平直壁板。

2.整体壁板类零件建模参考步骤

由图 4-53 可知,某飞机整体壁板零件工程图尺寸标注不全,特别是整体加强筋的布置信息,但具体的空间位置信息较详细。因此,采用描点法建立该加强翼肋三维模型。某飞机整体壁板建模参考步骤如图 4-54 所示。

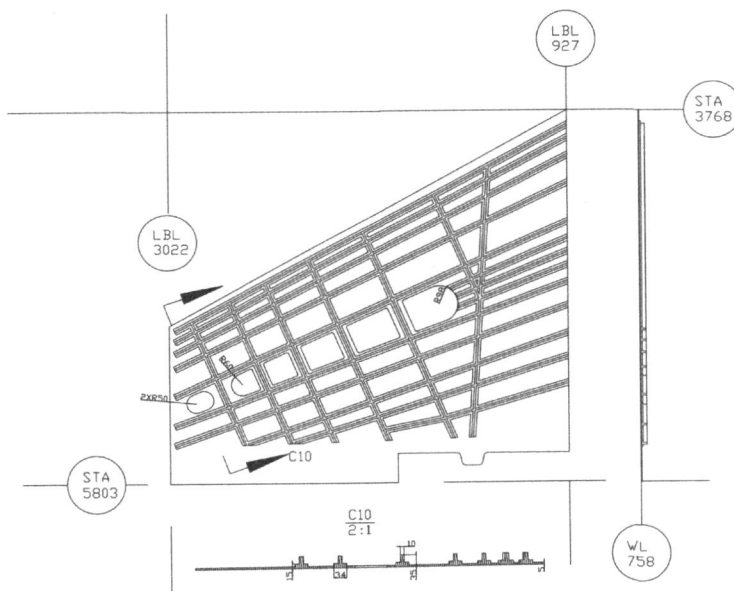

图 4-53　整体壁板工程图

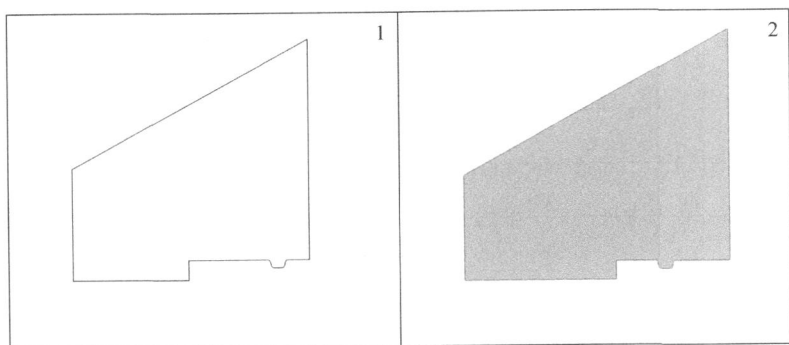

图 4-54　某飞机整体壁板建模参考步骤

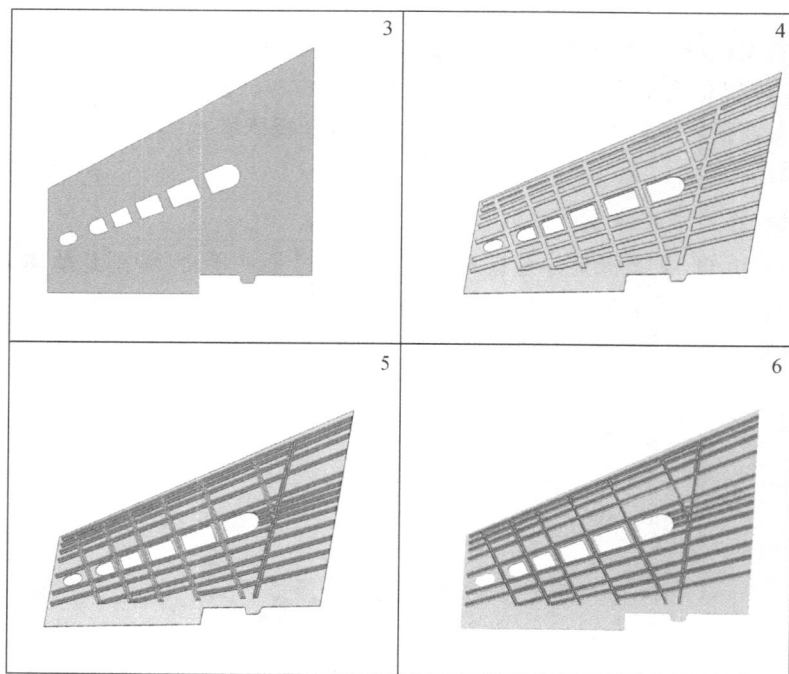

续图 4-54　某飞机整体壁板建模参考步骤

(三)整体壁板建模过程

　　步骤 1　打开 CATIA 平台,单击"开始"→"Shape"→"Sketch Tracer",进入"Sketch Tracer"模块。调整视图模式,选择"含材料着色"显示模式。确定合适的观察视图角度,点击"Create an Immersive Sketch"命令按钮 ,插入整体壁板工程图片,调整图片的位置和尺寸,使其边缘与占位面贴合,如图 4-55 所示,单击"确定"完成图片插入。

　　步骤 2　单击"插入"→"新建零件"按钮 ,点击"Product1",新建零件。单击结构树上零件左端的"+",进入零件绘制平台。选择相应的草图绘制基准面,单击"草图绘制"按钮 ,进入草图绘制平台。根据整体壁板零件二维图样,描绘其外轮廓,如图 4-56 所示。

　　步骤 3　单击菜单栏"开始"→"机械设计"→"零件设计",弹出"新建零件"对话框,输入整体壁板零件号"24A032104-4",勾选"启用混合设计",单击"确定"按钮进入某飞机整体壁板绘制平台。

　　根据飞行器零件三维建模规定,修改相应建模基准面。同时右击"零件几何体",单击"属性"对话框,选择"特征属性",把特征名称修改为整体壁板零件号"24A032104-4",单击"确定"按钮,完成特征树修改。

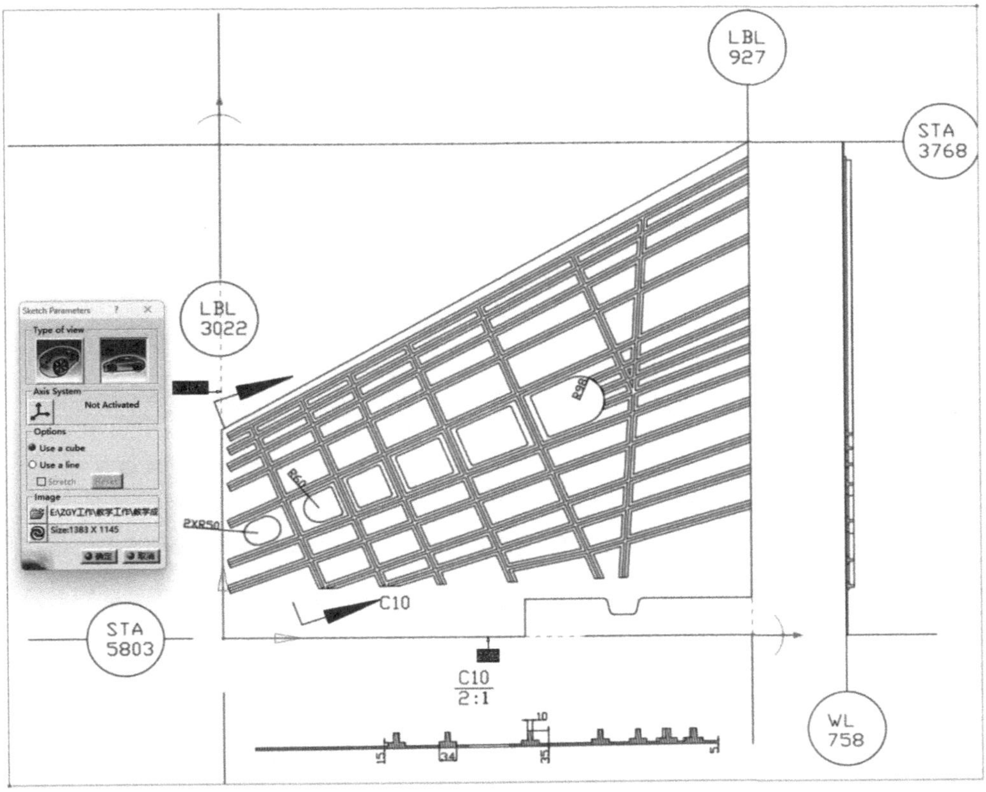

图 4－55　插入整体壁板工程图片

步骤 4　根据整体壁板工程图样,确定其空间位置信息。单击"参考元素"工具栏里的"平面"按钮 ▱ ,建立整体壁板草图绘制基准面。单击"草图绘制"按钮 ▨ ,进入草图绘制平台。确定整体壁板草图绘制空间位置,复制步骤 2 描绘的整体壁板轮廓,粘贴到相应位置上,完成整体壁板轮廓线的绘制。

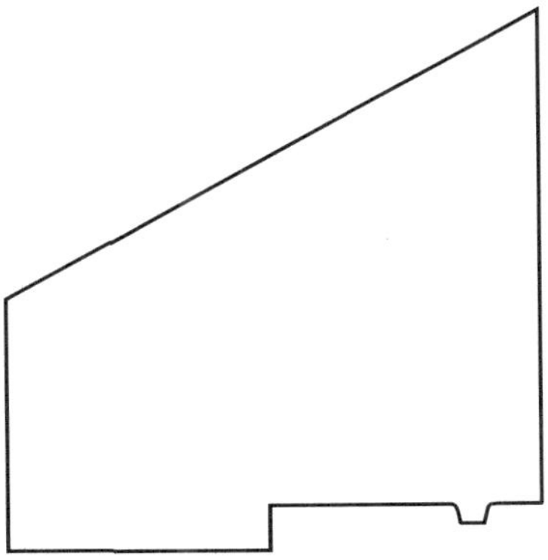

步骤 5　单击"基于草图特征"工具栏里的"凸台"按钮 ▤ ,弹出"定义凸台"对话框,如图 4－57 所示。在"定义

图 4－56　整体壁板外轮廓

凸台"对话框"第一限制"栏中,"类型"选择"尺寸","长度"输入"5 mm"。在"轮廓/曲面"栏中选择壁板轮廓(即所绘的整体壁板轮廓草图),单击"确定"生成整体壁板底面三维模型,如图 4－58 所示。

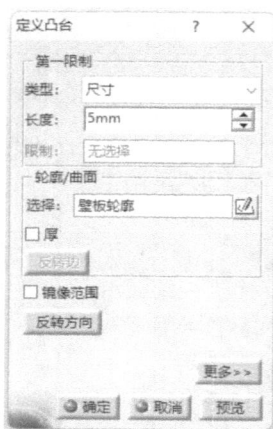

图 4-57 整体壁板"定义凸台"对话框

图 4-58 整体壁板底面三维模型

步骤 6 右击"辅助几何",单击定义工作对象,建立开口草图绘制基准平面,单击"草图绘制"按钮 ![icon]，进入开口草图绘制平台,根据整体壁板工程图描绘开口轮廓。完成后,单击"退出工作台"按钮 ![icon]，退出草图绘制平台。

单击"基于草图特征"工具栏里的"多凹槽"按钮 ![icon]，选择开口轮廓草图,弹出"定义多凹槽"对话框,如图 4-59 所示。分别选中相应的拉伸域,在"第一限制"栏中,"类型"选择"尺寸","深度"输入 5 mm,单击"确定"完成开口的创建。整体壁板开口三维模型如图 4-60 所示。

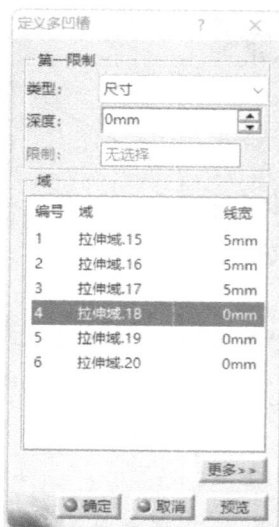

图 4-59 "定义多凹槽"对话框

图 4-60 整体壁板开口三维模型

步骤 7 右击"辅助几何",单击定义工作对象,建立筋条底板草图绘制基准平面,单击"草图绘制"按钮 ,进入草图绘制平台,根据整体壁板工程图绘制筋条底板轮廓。完成后,单击"退出工作台"按钮 ,退出草图绘制平台。

单击"基于草图特征"工具栏里的"凸台"按钮 ,弹出"定义凸台"对话框,在"定义凸台"对话框"第一限制"栏中,"类型"选择"尺寸","长度"输入"10 mm"。在"轮廓/曲面"栏中选择所绘的整体壁板筋条底板轮廓草图。单击"确定"生成整体壁板筋条底板三维模型,如图 4 - 61 所示。

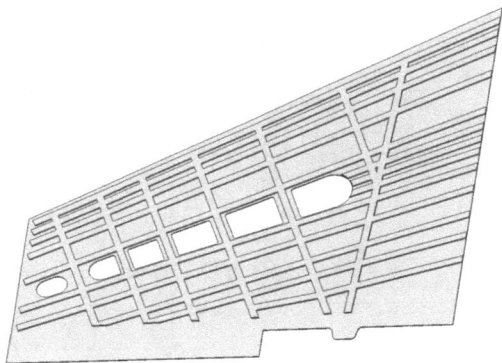

图 4 - 61 整体壁板筋条底板三维模型

步骤 8 右击"辅助几何",单击定义工作对象,建立筋条草图绘制基准平面,单击"草图绘制"按钮 ,进入草图绘制平台,根据整体壁板工程图绘制筋条轮廓。完成后,单击"退出工作台"按钮 ,退出草图绘制平台。

单击"基于草图特征"工具栏里的"凸台"按钮 ,弹出"定义凸台"对话框,在"定义凸台"对话框"第一限制"栏中,"类型"选择"尺寸","长度"输入"20 mm"。在"轮廓/曲面"栏中选择所绘的整体壁板筋条轮廓草图,单击"确定"生成整体壁板筋条三维模型。整体壁板筋条三维模型如图 4 - 62 所示。

步骤 9 单击"修饰特征"工具栏中的"倒圆角"按钮 ,弹出"倒圆角定义"对话框。根

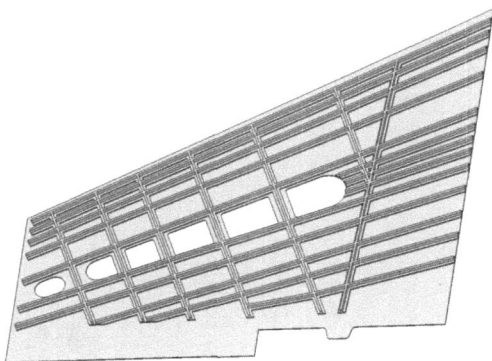

图 4 - 62 整体壁板筋条三维模型

据整体壁板工程图样,在"半径"栏中输入"1 mm",单击"要圆角化的对象"栏,选中整体壁板需要倒圆角的棱边,模式选择"相切",单击"确定"完成整体壁板倒圆角。建立的整体壁板三维模型如图4-63所示。

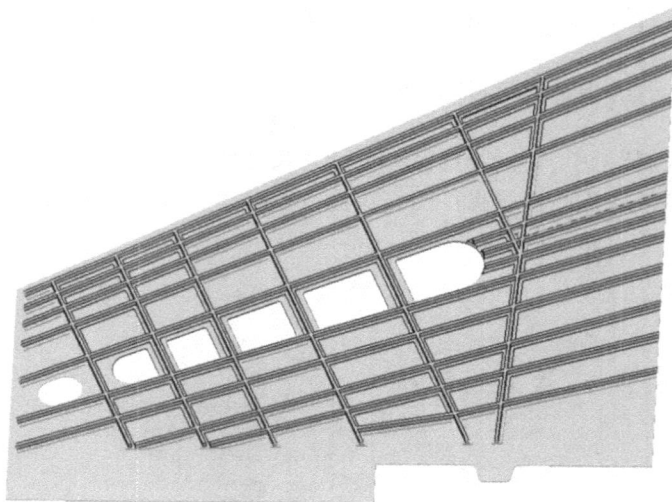

图4-63 整体壁板三维模型

第六节 练习与提高

(1)某飞机角片三视图如图4-64所示。补齐零件尺寸及三视图信息,并建立角片三维模型。

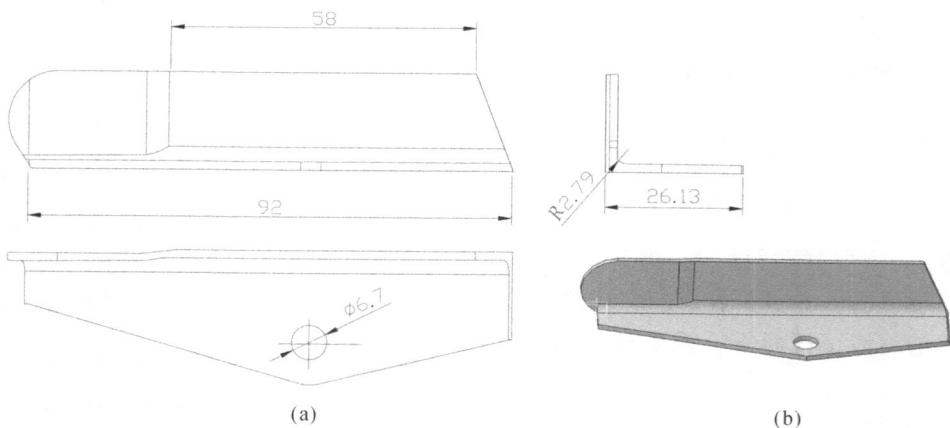

(a)   (b)

图4-64 某飞机角片图

(a)工程图;(b)参考模型

(2)某飞机起落架扭力臂工程图如图4-65所示。根据三视图建立起落架扭力臂三维模型。

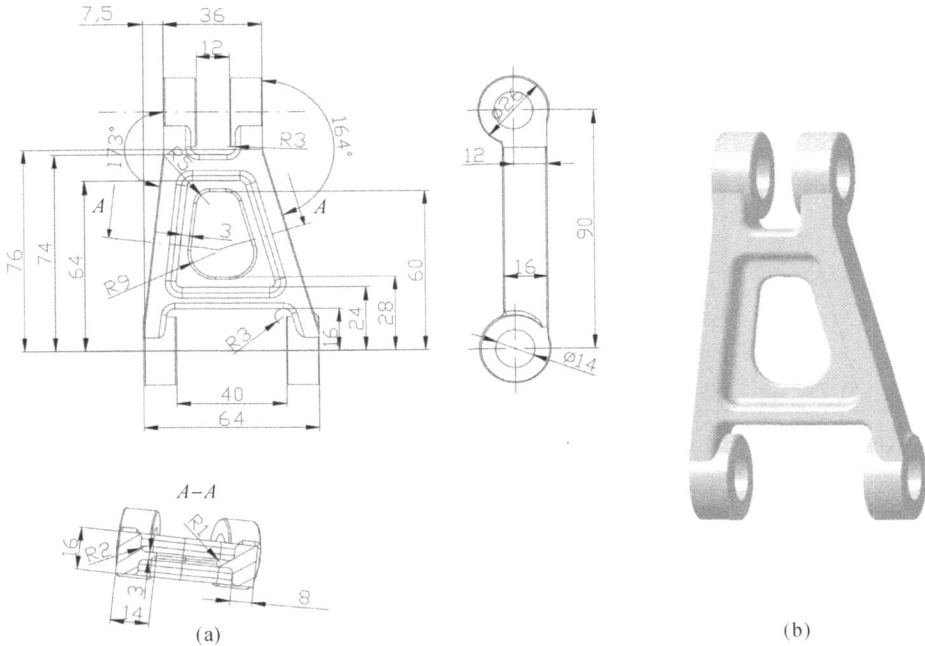

图 4 - 65　某飞机起落架扭力臂图

(a)工程图；(b)参考模型

（3）某型号飞机弦杆零件二维图如图 4 - 66 所示。其外轮廓为样条曲线,该样条曲线有 10 个控制点,其坐标分别为 1(−85.083,6 687.38)、2(−104.457, 6 690.642)、3(−129. 187, 6 695.589)、4(−153.021, 6 701.54)、5(−175.423, 6 708.066)、6(−191.735, 6 713.586)、7.(−207.607, 6 719.5)、8(−226.255,6 727.387)、9(−243.266,6 735.74)和 10.(−257.592,6 743.771)。其中,扭曲角:1 点为 12.067°,3 点为 12.25°,5 点为 12.5°,7 点为 12.6°,9 点为 12.367°,10 点为 12°。扭曲角度表示方法如图 4 - 66 的 A—A 视图所示。工字型材的厚度为 1.4 mm,内圆角半径为 2 mm。根据三视图建立弦杆零件三维模型。

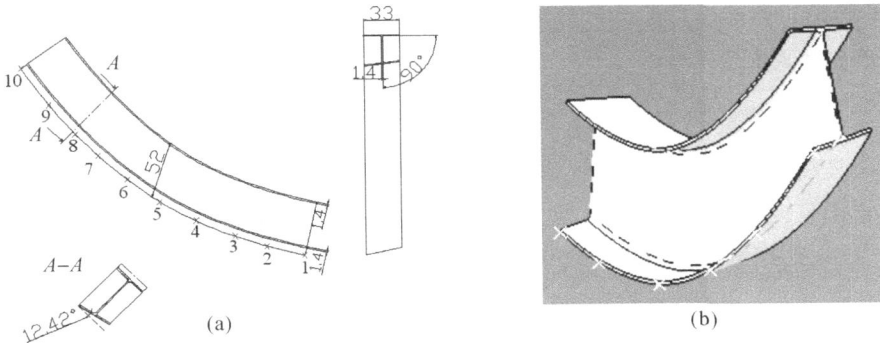

图 4 - 66　某型号飞机弦杆零件图

(a)工程图；(b)参考模型

第五章　飞行器蒙皮类零件三维建模

第一节　概　　述

　　飞行器蒙皮是指包围在飞机骨架结构外且用黏结剂或铆钉固定在骨架上,形成飞行器气动力外形的维形构件。其主要作用是承受和传递气动载荷,同时形成飞行器的气动外形,以减小飞行阻力并保持飞机的稳定性和安全性。蒙皮的形状从简单的单曲度到复杂的双曲度,甚至更复杂的形状,如飞行器头罩、翼尖和整流罩等部位的蒙皮。

　　随着航空技术的发展,人们提出了飞行器蒙皮无余量装配方案,对蒙皮零件外形精确度提出了更高的要求。因此,蒙皮零件的数字化加工是未来发展的趋势,而蒙皮零件的三维数字模型(简称数模)是实现其数字化加工的必要条件。本章主要介绍基于 CATIA 创成式外形设计的飞行器蒙皮类零件三维建模过程。

第二节　单曲度蒙皮三维建模

(一)本节学习要点

(1)看懂单曲度蒙皮零件工程图。

(2)熟悉单曲度蒙皮零件建模步骤。

(3)掌握单曲度蒙皮特征分析与建模方法。

(二)单曲度蒙皮建模分析

1.单曲度蒙皮零件清单和工程图

　　根据某飞机单曲度蒙皮零件清单,获得了该蒙皮零件的件号(24A032105-1),根据零件件号确定图号,找出了相应图纸(见图 5-1),并查找出对应图号的 PL 文件,获取了该蒙皮零件信息(视图区域、材料等信息)。

(三)单曲度蒙皮三维建模过程

　　步骤 1　单击菜单栏"开始"→"形状"→"创成式外形设计",弹出"新建零件"对话框,输入角片零件号"24A032105-1",勾选"启用混合设计",单击"确定"按钮进入某飞行器单曲度蒙皮三维模型绘制平台。

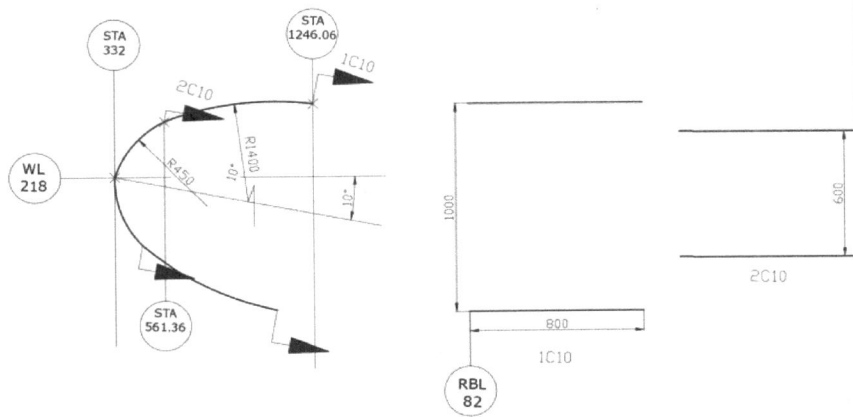

图 5 - 1　某飞机单曲度蒙皮工程图

2.单曲度蒙皮三维建模参考步骤

某飞机单曲度蒙皮三维建模参考步骤如图 5 - 2 所示。

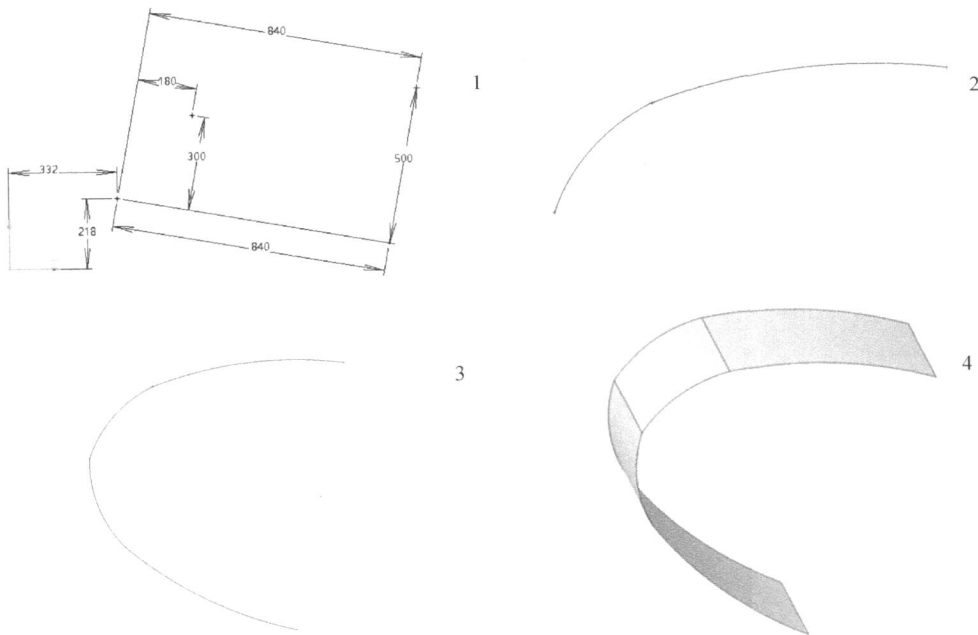

图 5 - 2　某飞机单曲度蒙皮三维建模参考步骤

　　步骤 2　根据飞行器零件三维建模规定,修改相应建模基准面。同时右击"零件几何体",单击"属性"对话框,选择"特征属性"按钮,把特征名称修改为单曲度蒙皮零件号"24A032105 - 1",单击"确定"按钮,完成特征树修改。

步骤 3 根据单曲度蒙皮零件工程图样空间位置信息,建立其草绘平面,单击"草图绘制"按钮 ![icon],进入草图绘制平台。根据单曲度蒙皮零件工程图样,单击"通过单击创建点"按钮 ![icon],绘制单曲度蒙皮零件上半部轮廓控制点,如图 5-3 所示。

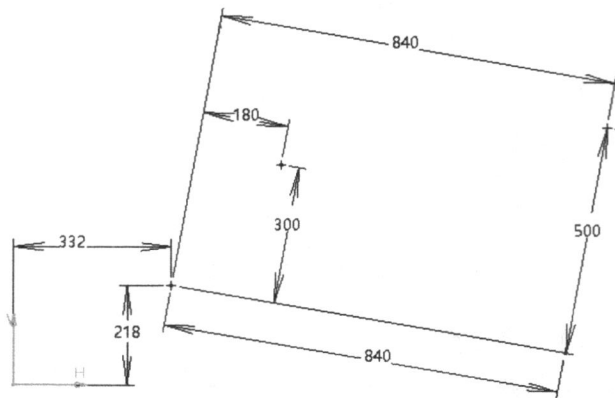

图 5-3 某飞机单曲度蒙皮轮廓控制点

步骤 4 单击"轮廓"工具栏里"圆"工具条中的"起始点受限的三点弧"按钮 ![icon],绘制单曲度蒙皮零件上半部轮廓曲线。然后单击"操作"工具栏里的"镜像"按钮 ![icon],生成完整的单曲度蒙皮横截面轮廓曲线,如图 5-4 所示。单击"退出工作台"按钮 ![icon],退出草图绘制工作台。

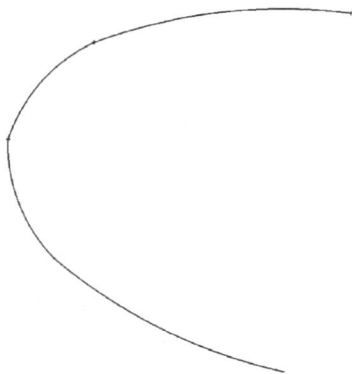

图 5-4 某飞机单曲度蒙皮横截面轮廓曲线

步骤 5　单击"操作"工具栏里的"接合"按钮 ，弹出"接合定义"对话框，如图 5-5 所示。单击"要接合的元素"栏，选择步骤 3 绘制的单曲度蒙皮横截面轮廓曲线，单击"确定"，完成曲线段结合。

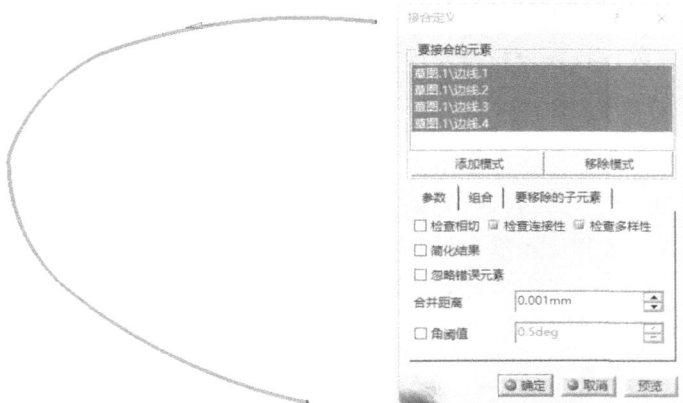

图 5-5　"接合定义"对话框

步骤 6　单击"曲面"工具栏里的"拉伸"按钮 ，弹出"拉伸曲面定义"对话框，如图 5-6 所示。在"轮廓"栏里选择步骤 4 所建立的接合曲线，"方向"栏里根据单曲度蒙皮工程图样确定 y 轴为拉伸方向，"拉伸限制""类型"选择"尺寸"，在"尺寸"栏里输入蒙皮的长度 800 mm，单击"确定"按钮完成单曲度蒙皮三维建模。单曲度蒙皮三维模型如图 5-7 所示。

图 5-6　"拉伸曲面定义"对话框

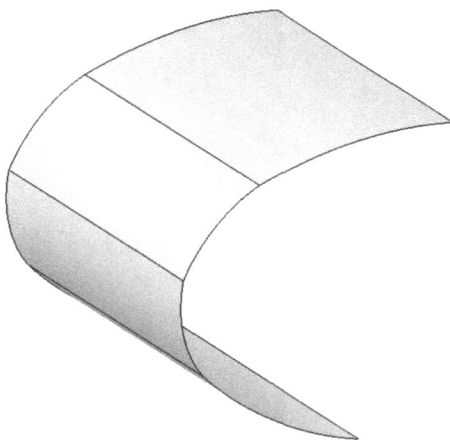

图 5-7　单曲度蒙皮三维模型

第三节　双曲度蒙皮三维建模

(一)本节学习要点

(1)看懂双曲度蒙皮零件工程图。

(2)熟悉双曲度蒙皮零件建模步骤。

(3)掌握双曲度蒙皮特征分析与建模方法。

(二)双曲度蒙皮建模分析

1.工程图分析

根据某飞机双曲度蒙皮零件清单,获得了该蒙皮零件的件号(24A032105-2),根据零件件号确定图号,找出了相应图纸(见图5-8,细节可下载本章电子资源查看),并查找出对应图号的 PL 文件,获取了该双曲度蒙皮零件信息(视图区域、材料等信息)。

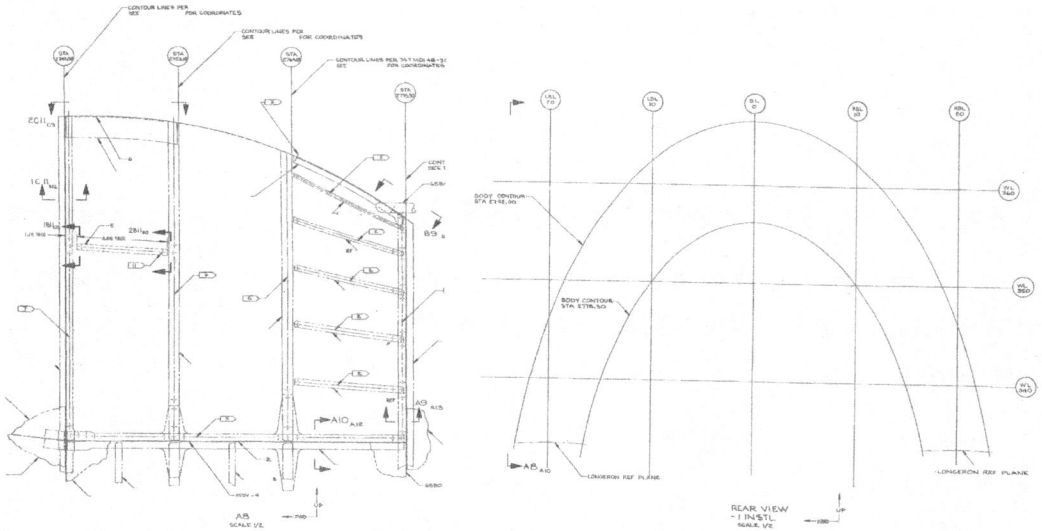

图5-8　双曲度蒙皮工程图

2.双曲度蒙皮三维建模参考步骤

由图5-8可知,某飞机双曲度蒙皮零件工程图尺寸标注不全,且为双向变曲率图形。因此,采用描点法建立该双曲度蒙皮三维模型。某飞机双曲度蒙皮三维建模参考步骤如图5-9(细节可下载本章电子资源查看)所示。

(三)双曲度蒙皮三维建模过程

步骤1　打开 CATIA 平台,单击"开始"→"Shape"→"Sketch Tracer",进入"Sketch Tracer"模块。调整视图模式,选择"含材料着色"显示模式。确定合适的观察视图角度,点击"Create an Immersive Sketch"命令按钮,插入需要描图的图片,调整图片的位置和尺寸,使其边缘与占位面贴合,如图5-10(细节可下载本章电子资源查看)所示,单击"确定"完成图片插入。

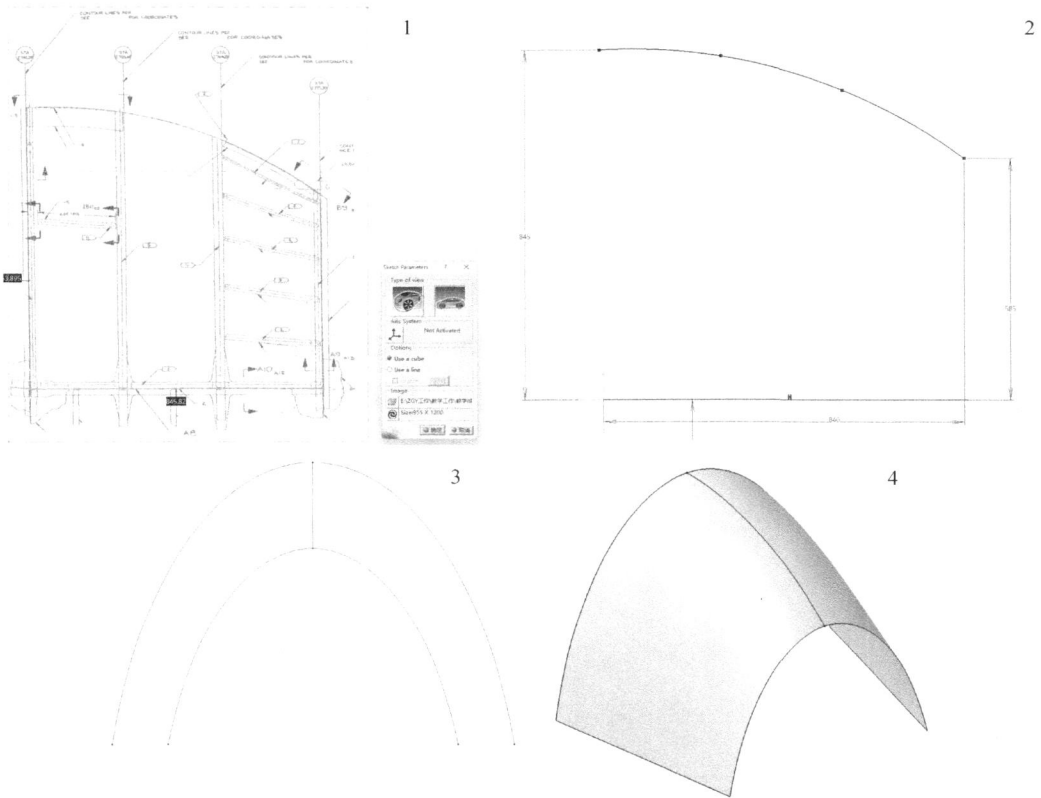

图 5－9　某飞机双曲度蒙皮三维建模参考步骤

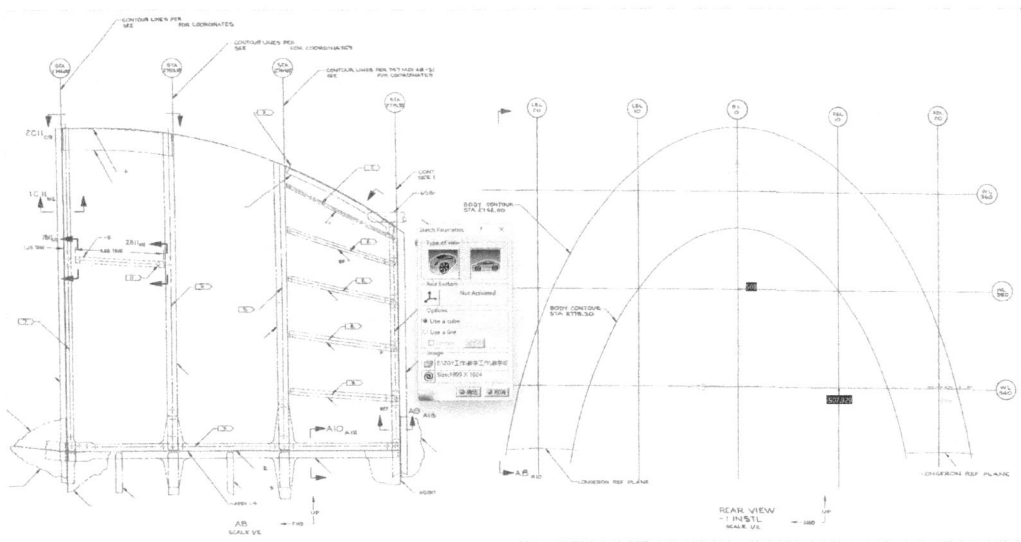

图 5－10　导入双曲度蒙皮工程图

步骤 2 单击"插入"→"新建零件"按钮，点击"Product1"，新建零件。单击结构树上零件左端的"＋"，进入零件绘制平台。选择相应的草图绘制基准面，单击"草图绘制"按钮，进入草图绘制平台。根据双曲度蒙皮工程图，分别描绘其曲脊线轮廓和两端端面轮廓，如图5-11和图5-12所示。

步骤 3 单击菜单栏"开始"→"形状"→"创成式外形设计"，弹出"新建零件"对话框，输入双曲度蒙皮零件号"24A032105-2"，勾选"启用混合设计"，单击"确定"按钮进入某飞机双曲度蒙皮绘制平台。

根据飞行器零件三维建模规定，修改相应建模基准面。同时右击"零件几何体"，单击"属性"对话框，选择"特征属性"，把特征名称修改为双曲度蒙皮零件号"24A032105-2"，单击"确定"按钮，完成特征树修改。

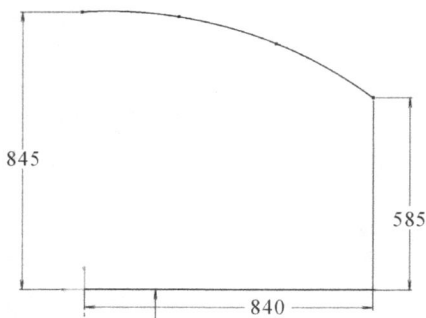

图 5-11 双曲度蒙皮曲脊线轮廓   图 5-12 双曲度蒙皮两端端面轮廓

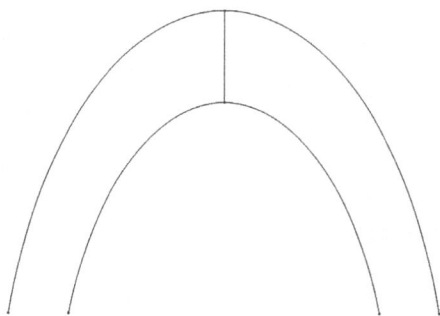

步骤 4 根据双曲度蒙皮工程图样，确定其曲脊线所在空间位置信息。单击"参考元素"工具栏里的"平面"按钮，建立双曲度蒙皮曲脊线草图绘制基准面。复制步骤2描绘的双曲度蒙皮曲脊线，粘贴到本草图绘制平台相应位置，完成双曲度蒙皮曲脊线绘制。

步骤 5 根据双曲度蒙皮工程图样，确定其端面所在空间位置信息。单击"参考元素"工具栏里的"平面"按钮，建立双曲度蒙皮曲端面轮廓草图绘制基准面。复制步骤2描绘的双曲度蒙皮端面轮廓线，粘贴到本草图绘制平台相应位置，完成双曲度蒙皮端面轮廓线绘制。

步骤 6 单击"线框"工具栏里的"直线"按钮，弹出"直线定义"对话框，如图5-13所示。在"线型"栏里选择"点-点"类型，在"点1"和"点2"栏里分别选择双曲度蒙皮端面轮廓线同侧的两点，单击"确定"完成双曲度蒙皮外轮廓线封闭，如图5-14所示。

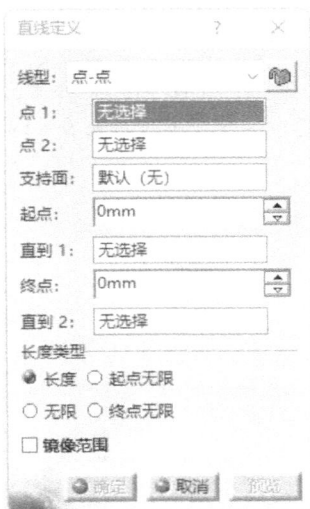

图 5-13　"直线定义"对话框

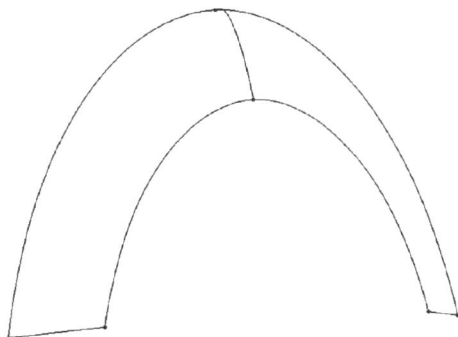

图 5-14　双曲度蒙皮外轮廓线封闭

　　步骤 7　单击"曲面"工具栏里的"填充"按钮 ，弹出"填充曲面定义"对话框，如图 5-15 所示。在轮廓栏里选择双曲度蒙皮外轮廓线，单击"确定"完成双曲度蒙皮曲面填充，如图 5-16 所示。

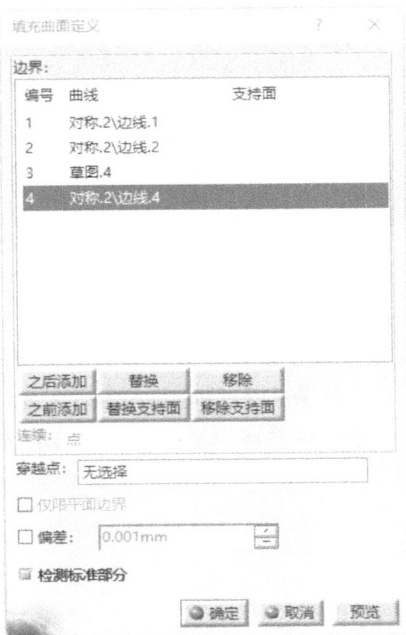

图 5-15　"填充曲面定义"对话框

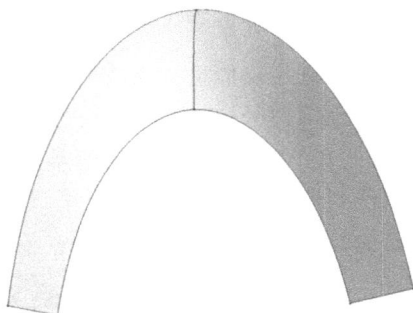

图 5-16　双曲度蒙皮曲面填充

步骤 8 单击"操作"工具栏里的"分割"按钮 ，弹出"定义分割"对话框，如图 5-17 所示。在"要切除的元素"栏里选择填充曲面（即"对称.3"）；在"切除元素"栏里选择 WL333.27 平面（桁梁基准面），单击"确定"完成双曲度蒙皮三维建模，如图 5-18 所示。

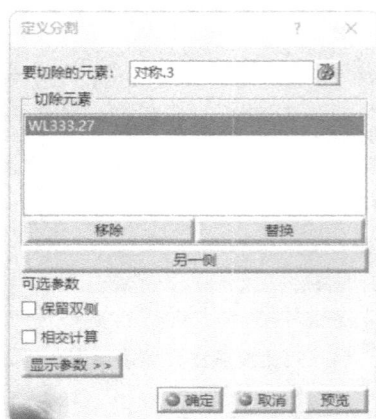

图 5-17 "定义分割"对话框

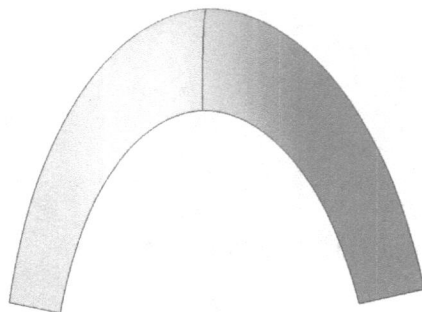

图 5-18 双曲度蒙皮三维模型

第四节 复杂形状蒙皮三维建模

(一)本节学习要点

(1)看懂马鞍形蒙皮零件工程图。

(2)熟悉马鞍形蒙皮零件建模步骤。

(3)掌握马鞍形蒙皮特征分析与建模方法。

(二)马鞍形蒙皮建模分析

1. 马鞍形蒙皮零件清单和工程图

根据某飞机进气道侧壁内蒙皮零件清单，获得了该蒙皮零件的件号（24A032105-3），根据零件件号确定图号，找出了相应图纸（见图 5-19），并查找出对应图号的 PL 文件，获取了该蒙皮零件信息（视图区域、材料等信息）。该蒙皮外形类似马鞍形，且两边都有切口，因此增加了建模难度。

2. 复杂形状蒙皮零件三维建模参考步骤

由图 5-19 可知，某飞机复杂形状蒙皮零件工程零件图尺寸标注不全，为双向变曲率图形，且两侧边有切口。因此，采用描点法建立该复杂蒙皮三维模型。某飞机复杂蒙皮三维建模参考步骤如图 5-20 所示。

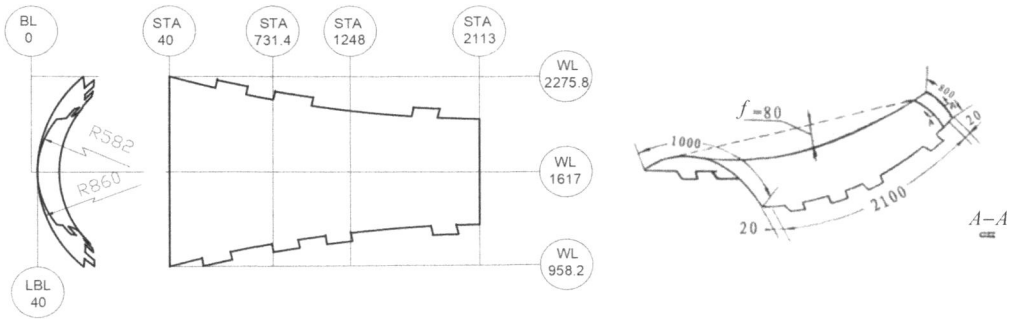

图 5-19　复杂蒙皮零件工程图

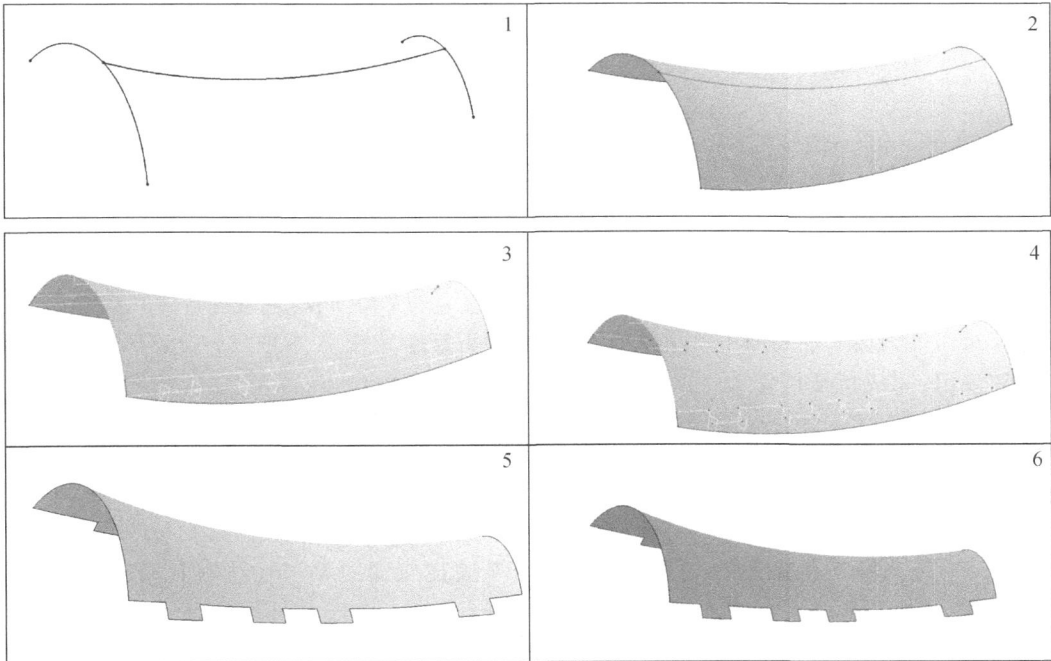

图 5-20　复杂蒙皮三维建模参考步骤

(三)复杂蒙皮三维建模过程

　　步骤 1　打开 CATIA 平台,单击"开始"→"Shape"→"Sketch Tracer",进入"Sketch Tracer"模块。调整视图模式,选择"含材料着色"显示模式。确定合适的观察视图角度,点击"Create an Immersive Sketch"命令按钮,插入需要描图的图片,调整图片的位置和尺寸,如图 5-21 所示,单击"确定"完成图片插入。

　　步骤 2　单击"插入"→"新建零件"按钮,点击"Product1",新建零件。单击结构树上零件左端的"+",进入零件绘制平台。选择相应的草图绘制基准面,单击"草图绘制"按钮,进入草图绘制平台。根据复杂蒙皮工程图,测量两端圆弧半径、脊线圆弧半径和相应凸耳尺寸。

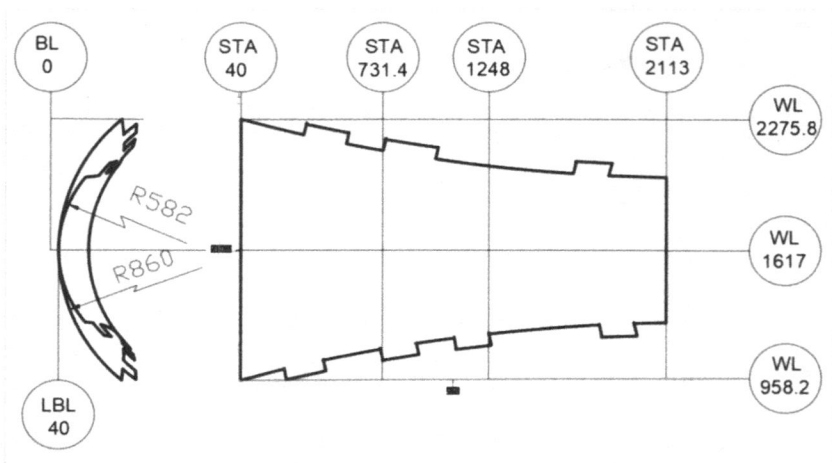

图 5-21　插入某飞机复杂蒙皮工程图

步骤 3　单击菜单栏"开始"→"形状"→"创成式外形设计",弹出"新建零件"对话框,输入复杂蒙皮零件号"24A032105-3",勾选"启用混合设计",单击"确定"按钮进入某飞机复杂蒙皮绘制平台。

根据飞行器零件三维建模规定,修改相应建模基准面。同时右击"零件几何体",单击"属性"对话框,选择"特征属性",把特征名称修改为复杂蒙皮零件号"24A032105-3",单击"确定"按钮,完成特征树修改。

步骤 4　根据复杂蒙皮工程图样,确定其端面所在空间位置信息。单击"参考元素"工具栏里的"平面"按钮　　　,建立复杂蒙皮曲端面轮廓草图绘制基准面。单击"草图绘制"按钮　　　,进入草图绘制平台。根据测绘的复杂蒙皮端面曲率半径绘制其端面轮廓,如图5-22所示。

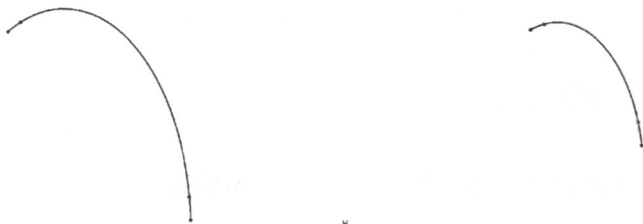

图 5-22　复杂蒙皮端头圆弧

步骤 5　根据复杂蒙皮工程图样,确定其曲脊线所在空间位置信息。单击"参考元素"工具栏里的"平面"按钮　　　,建立复杂蒙皮曲脊线草图绘制基准面。单击"草图绘制"按

钮 ，进入草图绘制平台。根据测绘的复杂蒙皮脊线曲率半径绘制其脊线轮廓,如图 5 - 23 所示。

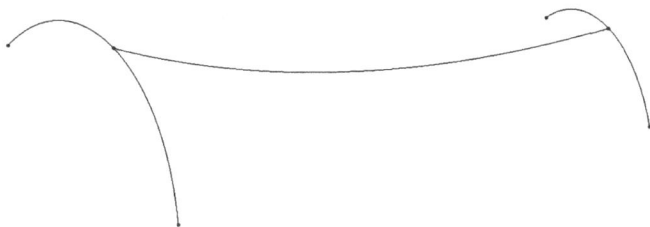

图 5 - 23　复杂蒙皮脊线轮廓

步骤 6　单击"曲面"工具栏里的"多截面曲面"按钮 ,弹出"多截面曲面定义"对话框,如图 5 - 24 所示。点击"截面"栏,选中步骤 5 中绘制的复杂蒙皮端面圆弧;点击"引导线"栏,选中绘制的复杂蒙皮曲脊线轮廓(即"草图.2"),单击"确定",完成复杂蒙皮三维模型草绘。复杂蒙皮三维草图如图 5 - 25 所示。

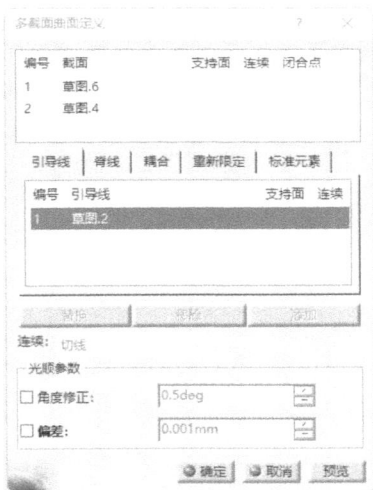

图 5 - 24　"多截面曲面定义"对话框

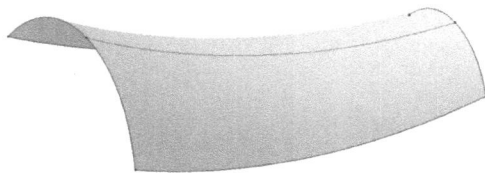

图 5 - 25　复杂蒙皮三维草图

步骤 7　单击"线框"工具栏里的"直线"按钮 ,弹出"直线定义"对话框,如图 5 - 26 所示。"线型"选择"点-点","点 1"和"点 2"分别选择复杂蒙皮对应的端点,其余选择默认值,单击"确定"完成直线绘制。同理,绘制凸耳外侧轮廓直线。绘制的直线如图 5 - 27 所示。

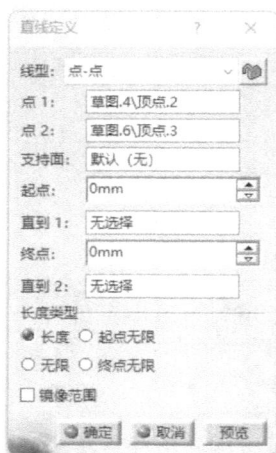

图 5 - 26　"直线定义"对话框

图 5 - 27　绘制的直线

步骤 8　单击"线框"工具栏里的"投影"按钮 ，弹出"投影定义"对话框,如图 5 - 28 所示。"投影类型"选择"法线",在"投影的"栏里选择步骤 7 中绘制的直线(即"直线.1"), "支持面"选择步骤 6 中绘制的复杂蒙皮三维草图(即"多截面曲面.1"),单击"确定"完成直线在复杂蒙皮表面的投影。同理,完成另一条直线在复杂蒙皮表面的投影。直线在复杂蒙皮表面的投影如图 5 - 29 所示。

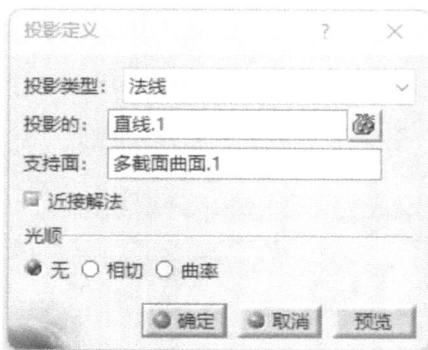

图 5 - 28　"投影定义"对话框

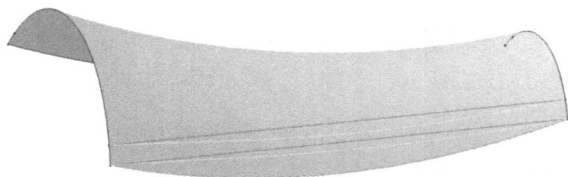

图 5 - 29　直线在复杂蒙皮表面的投影

步骤 9　单击"线框"工具栏里的"点"按钮 ，弹出"点定义"对话框,如图 5 - 30 所示。"点"类型选择"曲线上","曲线"栏选择步骤 8 建立的凸耳外侧投影曲线(即"项目.2"), "长度"栏输入测量的凸耳的特征值,单击"确定"完成凸耳外侧特征点的建立。复杂蒙皮表面的凸耳外侧特征点如图 5 - 31 所示。

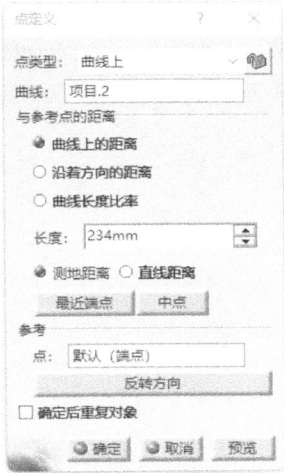

图 5-30 "点定义"对话框

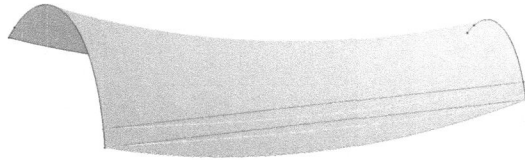

图 5-31 复杂蒙皮表面的凸耳外侧特征点

步骤 10 单击"线框"工具栏里的"平面"按钮 ⬭ ,弹出"平面定义"对话框,如图 5-32 所示。"平面类型"选择"曲线的法线","曲线"栏选择步骤 9 建立的凸耳外侧特征点(即"项目.1"),单击"确定"完成凸耳特征点平面建立。复杂蒙皮表面的凸耳特征点平面如图 5-33 所示。

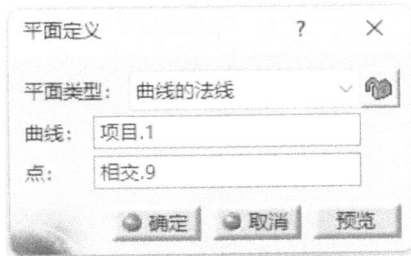

图 5-32 点定义对话框

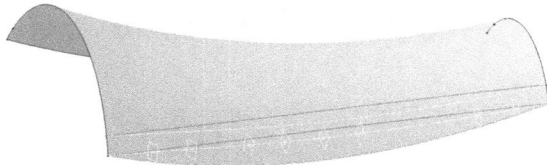

图 5-33 复杂蒙皮表面的凸耳特征点平面

步骤 11 单击"线框"工具栏里的"相交"按钮 🐟 ,弹出"相交定义"对话框,如图 5-34

所示。在"第一元素"栏里选择步骤 10 建立的凸耳特征点平面(即"平面.4");在"第二元素"栏里选择步骤 8 建立的凸耳内侧投影曲线(即"项目.1"),单击"确定"完成凸耳内测特征点建立。同理,建立剩余各凸耳内测特征点。复杂蒙皮表面的凸耳特征点如图 5-35 所示。

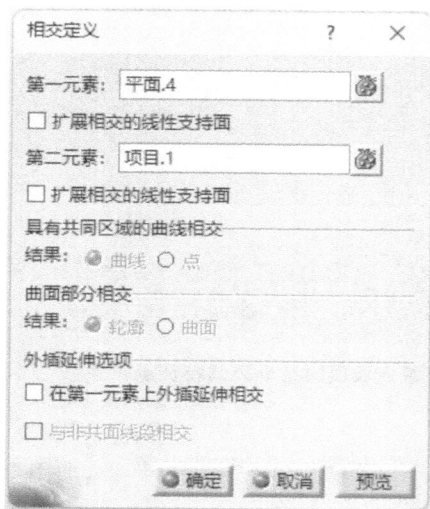

图 5-34 "相交定义"对话框

图 5-35 复杂蒙皮表面的凸耳特征点

步骤 12 单击"线框"工具栏里的"直线"按钮 ，弹出"直线定义"对话框。"线型"选择"点-点",根据复杂蒙皮凸耳结构工程图,"点 1"和"点 2"分别选择相应的凸耳特征点,单击"确定"完成凸耳轮廓线绘制。同理,绘制出复杂蒙皮另一侧凸耳轮廓线。复杂蒙皮凸耳轮廓线如图 5-36 所示。

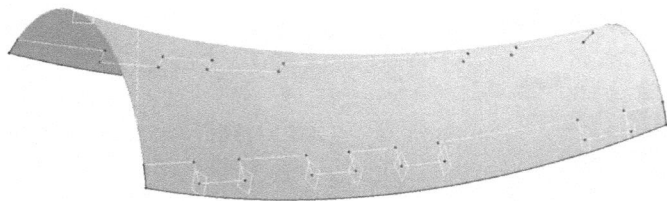

图 5-36 复杂蒙皮凸耳轮廓线

步骤 13 单击"操作"工具栏里的"接合"按钮 ，弹出"接合定义"对话框,如图 5-37 所示。单击"要接合的元素"栏,选择步骤 12 绘制出的凸耳轮廓线,完成凸耳轮廓线接合。单击"曲面"工具栏里的"拉伸"按钮 ，弹出"拉伸曲面定义"对话框。在"轮廓"栏里选择上述建立的凸耳轮廓接合线,"方向"栏根据复杂蒙皮工程图样确定 y 轴为拉伸方向,"拉伸限制"类型选择"尺寸","尺寸"栏里输入蒙皮的长度 100 mm,单击"确定"按钮完成凸耳分割曲面建模。复杂蒙皮凸耳分割曲面如图 5-38 所示。

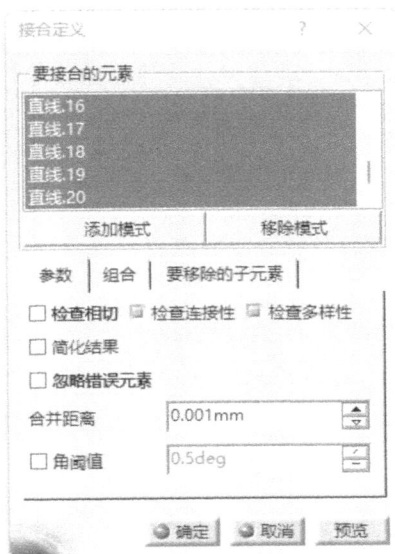

图 5-37　"接合定义"对话框

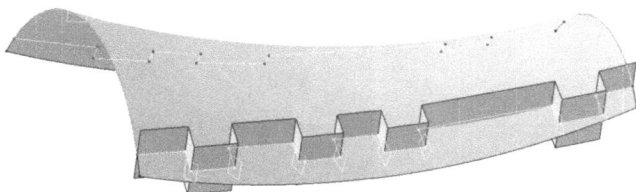

图 5-38　复杂蒙皮凸耳分割曲面

步骤 14　单击"操作"工具栏里的"分割"按钮　，弹出"分割定义"对话框,如图 5-39 所示。在"要切除的元素"栏里选择步骤 6 建立的"复杂蒙皮三维草图";在"要切除的元素"栏里选择步骤 13 建立的凸耳分割曲面,单击"确定"完成该侧边凸耳建立。同理,可以完成左侧面凸耳的建立。建立的复杂蒙皮凸耳如图 5-40 所示。

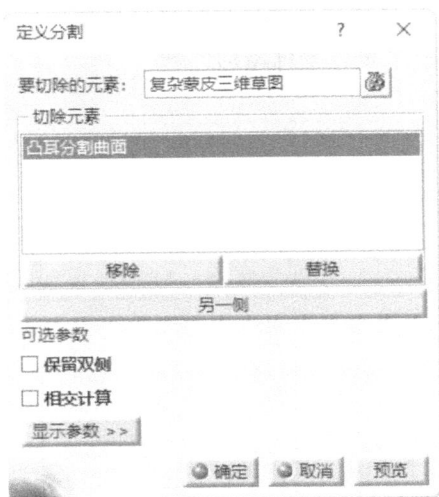

图 5-39　"分割定义"对话框

图 5-40　复杂蒙皮凸耳

步骤15 单击"包络体"工具条的"厚曲面"按钮 ,弹出"定义厚曲面"对话框,如图 5-41 所示。根据复杂蒙皮工程图样,在"第一偏移"栏里输入该蒙皮的厚度 1.5 mm;在"要偏移的对象"栏里选择步骤14建立的复杂蒙皮曲面,单击"确定"完成复杂蒙皮三维模型的建立,如图 5-42 所示。

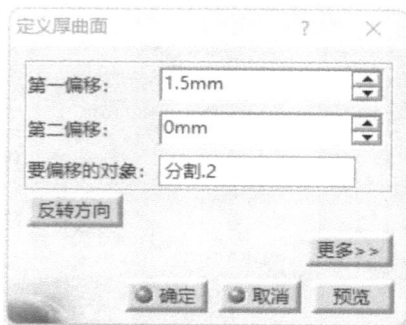

图 5-41 "定义厚曲面"对话框

图 5-42 复杂蒙皮三维模型

第五节 练习与提高

(1)图 5-43 为某飞机蒙皮零件二维图,根据其二维图建立三维模型。

图 5-43 某飞机蒙皮零件二维图

（2）某飞机蒙皮零件三视图如图 5 - 44（细节可下载本章电子资源查看）所示。根据其二维图建立三维模型。

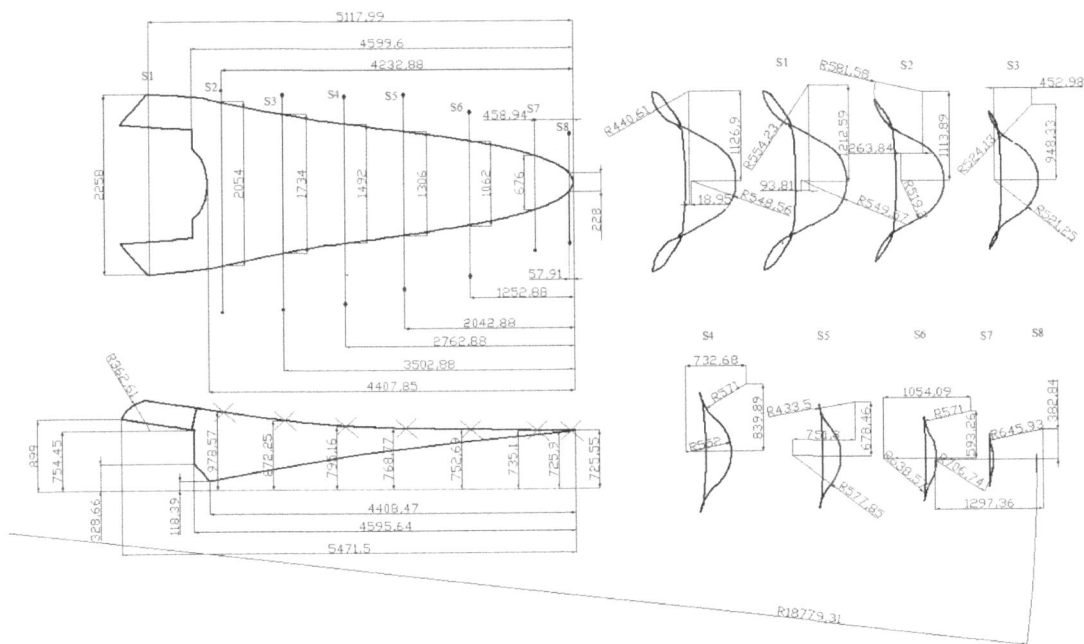

图 5 - 44　某飞机蒙皮零件三视图

第六章　飞行器典型部件装配

第一节　装配设计概述

部件装配（Assembly Design）是 CATIA 最基本也是最具有优势和特色的功能板块。该板块包括创建装配体、添加指定的部件或零件到装配体、创建部件之间的关系、对装配成员进行移动和装配、生成部件的分解图、装配干涉和间隙分析等主要功能。

产品（Product）是装配设计的最终产物，它是由一些部件（Component）组成的。部件又可以称为组件，它至少由一个零件组成。产品和部件是相对的，例如起落架对于飞机来说就是一个部件，而相对于支撑杆、摇臂等，就是一个产品。某个产品也可以作为另一个产品的成员，某个部件也可以是另外一个部件的成员。在产品的特征树上可以看到，树根一定是某个产品，而树叶一定是某个零件。

在设计过程中，当装配体是复杂度较高的产品时，CATIA 中的配置方式和调入模式可以很好地提高加载效率。本章以某飞机主起落架为例，详细讲解 CATIA 装配设计过程。

（一）进入部件装配模块

可以通过以下几种途径进入部件装配模块：

选择"开始"→"机械设计"→"装配设计"菜单命令，进入部件装配模块。

选择"文件"→"新建"或"打开"菜单命令，弹出图 6-1 所示的"新建"对话框，在"类型列表"框中选择"Product"类型，进入部件装配模块。

单击"工作台"工具栏中的图标 ![icon]，进入部件装配模块，如图 6-2 所示。

图 6-1　"新建"对话框　　　图 6-2　"工作台"工具栏

(二) 装配术语

(1)装配(Assembly)。装配是指将多个零部件组合在一起以创建完整的产品模型的过程。在 CATIA 中,装配文件通常包含多个零部件。

(3)零部件(Part):零部件是构成装配的基本组成单位。它们可以是单一的零件或部分组装的子零件。

(3)子装配(Sub-Assembly)。子装配是包含多个零部件的独立组件,可以作为一个整体插入主装配中。子装配通常用于组织和管理复杂的装配结构。

(4)组件(Component)。组件是装配中的一个零部件或子装配,可以单独选择、编辑和管理。组件可以包含几何形状、特征和参数。

(5)参照(Reference)。参照是用于定位和约束零部件或子装配相对于其他零部件的点、线、面或轴。参照用于确保装配的准确性和一致性。

(6)约束(Constraint)。约束是用于限制零部件之间相对运动的规则。CATIA 提供各种类型的约束,如距离、角度、平行等,以确保装配满足设计要求。

(7)关系(Relationship)。关系用于描述零部件之间的连接和依赖关系。其中可以包括依赖关系、包容关系和互制关系等。

(8)装配约束(Assembly Constraint)。装配约束是用于将零部件或子装配放置和定位到正确位置的规则。其中可以包括定位、配合和对齐等。

(9)装配约束系统(Assembly Constraint System)。装配约束系统是一组装配约束的集合,用于控制装配中各个零部件的相对位置和运动。

(10)碰撞检测(Collision Detection)。碰撞检测是指在装配中检查是否存在零部件之间的碰撞或干涉,以确保装配没有冲突。

(11)装配顺序(Assembly Sequence)。装配顺序指的是将零部件装配到装配中的特定顺序。这在复杂装配中非常重要,以确保正确的装配顺序和方法。

(12)装配分析(Assembly Analysis)。装配分析是用于评估装配的性能和可行性的过程。其中可以包括运动仿真、应力分析等。

这些术语是 CATIA 中装配设计和管理的基本概念。了解这些概念对于有效使用 CATIA 进行装配建模和分析非常重要。

第二节　装配结构设计与管理

装配结构设计与管理主要包括新建部件、新建产品、新建零件、现有部件和具有定位的现有部件等,如图 6-3 所示。

(一)新建装配设计

点击"开始"→"机械设计"→"装配设计"按钮　，可以新建装配设计,或者单击工具栏中的"文件"→"新建"按钮 ，弹出"新建"对话框,如图 6-4 所示。在"新建"对话框中选择"Product"类型,单击"确定",也可以新建装配设计。

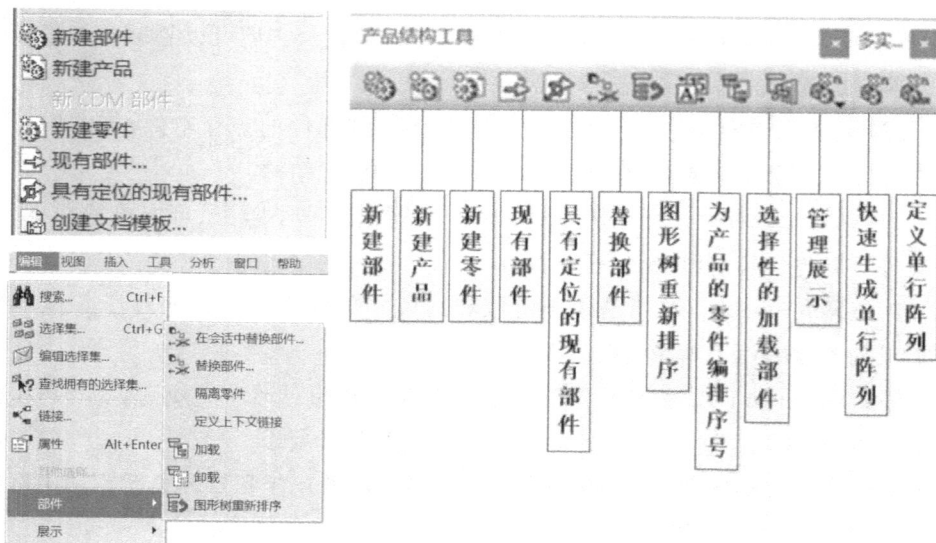

图 6-3　部件操作菜单与工具栏

图 6-4　"新建"对话框

(二)创建部件

选择要装配的产品,例如选择特征树的结点 Product1,再选择"插入"→"新建部件"菜单命令或单击图标 ，此时特征树会增加一个新结点。插入对比图如图 6-5 所示。

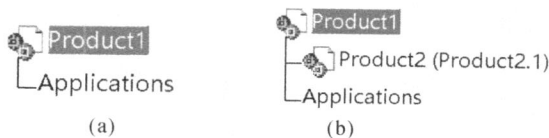

(a)　　　　　　　　　(b)

图 6-5　插入一个部件

这个部件的相关数据会直接存储在当前产品内,在这个部件之下还可以插入其他产品、部件或零件。

(三)新建产品

选择要装配的产品或部件,再选择"插入"→"新建产品"菜单命令或单击图标 ,特征树会增加一个新结点,如图 6-6 所示。

图 6-6　新建产品

(四)新建零件

选择要装配的产品或部件,例如选择特征树的结点 Product2,再选择"插入"→"新建零件"菜单命令或单击图标 ,特征树会增加一个新结点,如图 6-7(a)所示。

将该特征树展开,如图 6-7(b)所示。双击该特征树的"零件几何体"结点,则进入零件设计模块,此时将创建一个以"Part1"为默认文件名的新零件。这个零件是新创建的,它的数据存储在一个独立的新文件内。

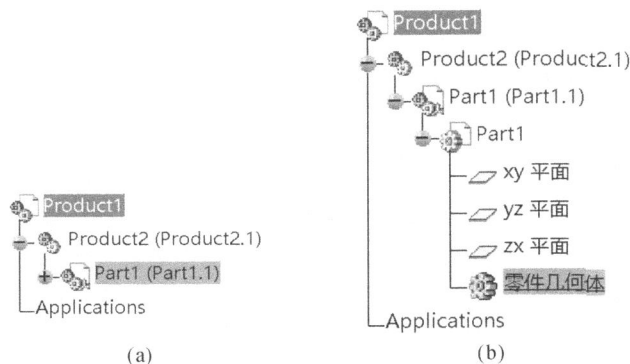

(a)　　　　(b)

图 6-7　插入一个新零件

(五)从产品生成 CATPart

在使用这个命令之前,要保证处在"装配设计"页面,如图 6-8(a)所示。然后双击要生成的零配件,点击"工具"→"从产品生成 CATPart...",如图 6-8(b)所示。

(六)装配更新

选择"工具"→"选项"→"机械设计"→"装配模块"菜单命令,可得到"选项"对话框,如图

6-9所示。可以看到,更新设置分为手动和自动。也可点击工具栏中的"更新"按钮 ![按钮] 进行操作或使用快捷键【Ctrl】+【U】。

(a)   (b)

图6-8 从产品生成CATPart

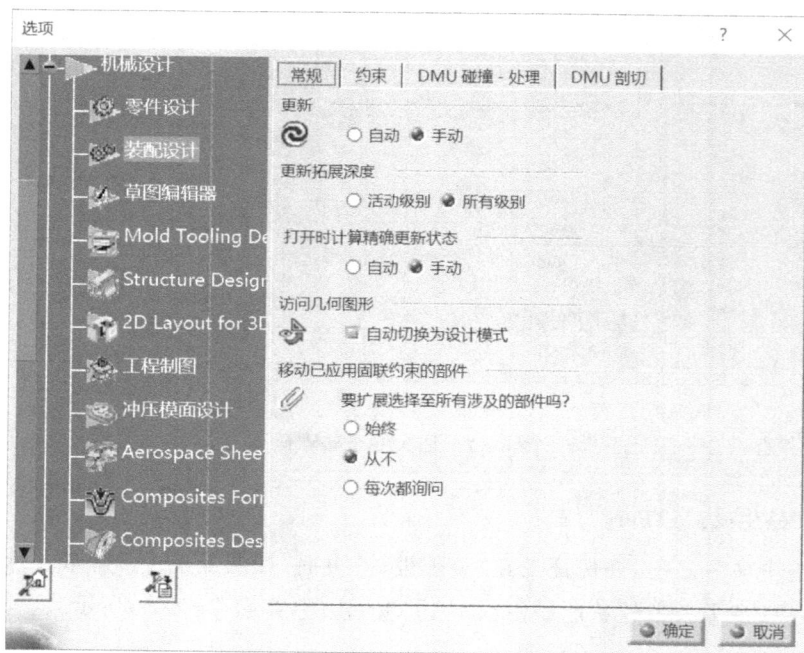

图6-9 "选项"对话框

第三节　自底向上装配

自底向上(Bottom-up)装配通常是主要使用的装配方式,指的是先进行零件建模,然后将设计好的零部件添加到装配体中。它的优点是直接精准装配、简单快速。这种方法适用于外购零件或现有零件。

(一)概念与步骤

在 CATIA V5 操作中,首先通过"加载部件"操作,将已经设计好的部件依次加入当前的装配模型;然后再通过装配部件之间的约束操作,来确定这些零部件之间的位置关系;最后完成装配。

自底向上装配步骤如下:

(1)创建新装配:打开 CATIA 并创建一个新的装配文档,这将是操作者自底向上装配的主要工作环境。

(2)插入零部件:从零部件库中取第一个零部件并将其插入到装配中。通常情况下,用户会选择一个基础零部件作为起点,然后逐渐将其他零部件添加到该基础零部件上。

(3)定位和约束:使用装配约束来定位和约束第一个零部件。这些约束包括定位、配合、角度等,确保第一个零部件的位置和方向正确。

(4)插入其他零部件:逐步将其他零部件插入到装配中。这些零部件代表产品的各个模块或组成部分。

(5)定位和约束其他零部件:对每个插入的零部件进行定位和约束,确保它们正确地连接至装配中的其他零部件。使用不同类型的装配约束来满足设计要求。

(6)重复步骤(4)和(5):重复零部件插入、定位和约束的步骤,直到将所有需要的零部件添加到装配中。

(7)测试和验证:在完成装配后,进行测试和验证,以确保装配的功能和性能符合要求。CATIA 提供了分析工具,可用于进行运动仿真、碰撞检测等测试。

(8)文档和发布:根据需要创建装配的文档,如零部件图纸和装配说明,然后发布装配以进行制造或进行进一步的设计和分析。

(9)维护和更新:随着操作的进行,可能需要不断维护和更新装配,以满足设计变更或其他需求。

自底向上装配方法通常用于建立复杂的装配结构,其中,每个零部件都是从零开始创建并逐步组装起来的。这种方法通常需要更高的计划性和专注度,以确保装配的正确性和一致性。CATIA 提供了丰富的工具和功能,以帮助操作者有效地进行自底向上装配设计。

(二)加载现有部件

自底向上装配方法中的第一个重要步骤就是"加载现有部件",它将已经存储在计算中的零件、部件或者产品作为部件插入到当前产品中,从而构成整个装配体。

单击"产品结构工具"工具栏中的"现有部件"按钮 ，在特征树中选取插入位置(Product 结点),可以是当前产品或者是产品的某个部件,弹出"选择文件"对话框,选择需要的文件单击打开,系统则自动载入部件,如图 6-10 所示。

图 6 - 10　加载现有部件

(三)加载具有定位的现有部件

加载具有定位的现有部件是指相对于现有组件,在定位插入当前组件时,可利用"智能移动"对话框来创建约束。

单击"产品结构工具"工具栏中的"具有定位的现有部件"按钮 ![icon],在特征树中选取要插入的位置(可以是当前产品或者产品的某个部件),弹出"选择文件"对话框,如图 6 - 11 所示,选择需要插入的文件,单击"打开(O)"按钮,系统弹出"智能移动"对话框,如图 6 - 12 所示。

图 6 - 11　加载具有定位的现有组件

在弹出的"智能移动"对话框中依次选择两个零件的轴线,单击"确定"即可完成部件加载。

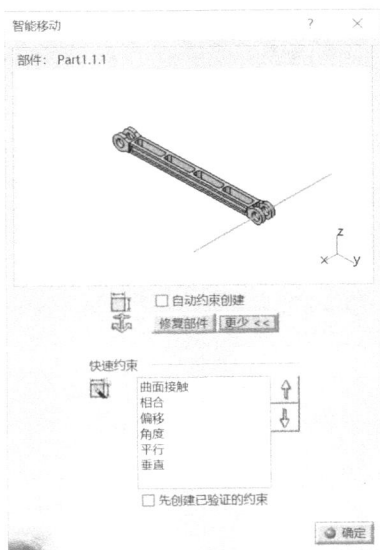

图 6 - 12 "智能移动"对话框

（四）加载标准件

在 CATIA V5 中有一个标准件库，库中有被广泛使用的已经完成造型的标准件，当装配需要使用时可直接，进行加载使用。

首先，点击"工具"，单击"目录浏览器" ，弹出目录浏览器的相应标准件，双击需要的相应标准件，即可将其添加到装配文件中，如图 6 - 13 所示。

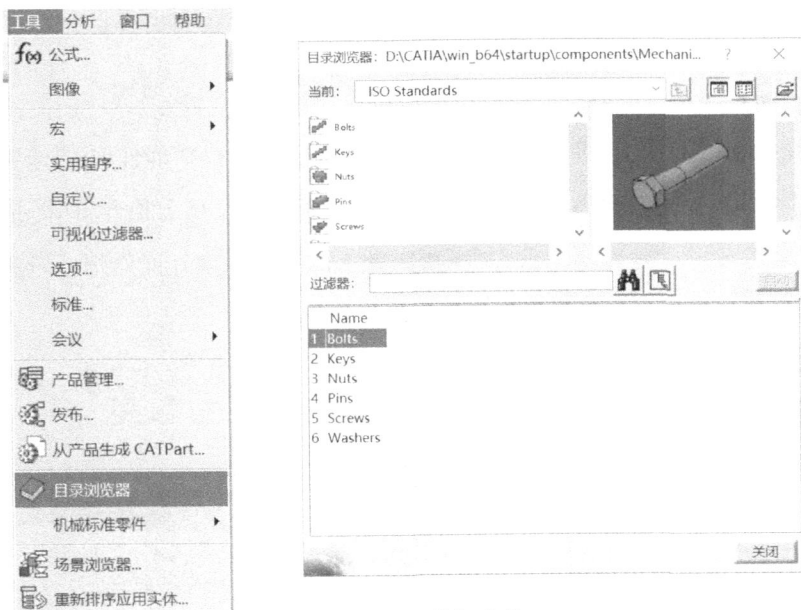

图 6 - 13 加载标准件

(五)移动

创建零部件时坐标原点不是按照装配关系确定的,导致装配所插入的零部件位置可能干涉,影响装配。因此,需要调整零部件的位置,以便于约束和装配。

点击"编辑"→"移动"→"平移或旋转"菜单命令或单击 。移动相关命令主要集中在移动工具栏中,如图 6 - 14 所示。

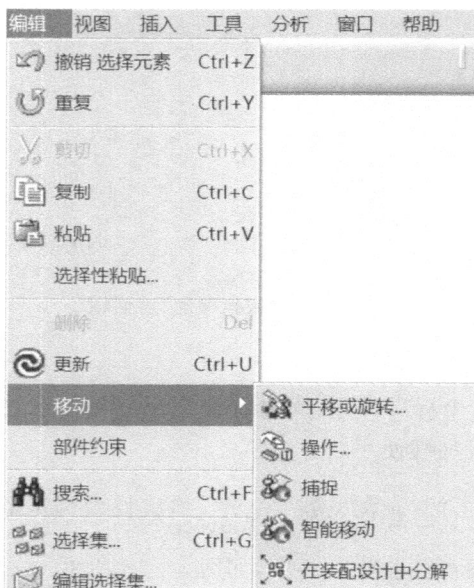

图 6 - 14 移动零部件

1.利用指南针旋转零部件

将指南针拖动到部件上,可移动和旋转活动的组件。旋转零部件时,先移动光标至"指南针操作把手"指针变成四向箭头 ,然后拖动指南针至模型上松开,此时指南针会附着在模型上,且字母 x、y、z 变为 w、u、v,选择指南针上的旋转指南针操作把手,按住鼠标左键,则零部件发生旋转,如图 6 - 15 所示。

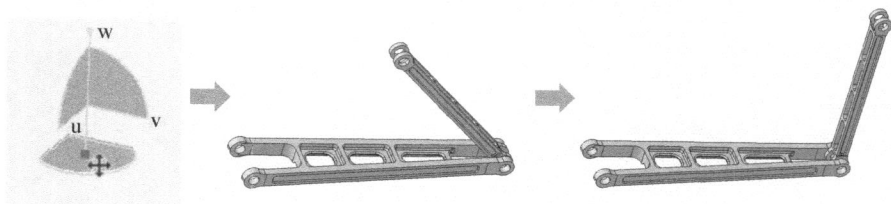

图 6 - 15 利用指南针旋转零部件

2.利用指南针移动零部件

移动零部件时,先移动光标至"指南针操作把手"指针变成四向箭头 ,然后拖动指南针至模型上松开,此时指南针会附着在模型上,且字母 x、y、z 变为 w、u、v,选择指南针上的任意一条直线,按住鼠标左键并移动光标,则零部件将沿此直线平移,如图 6－16 所示。

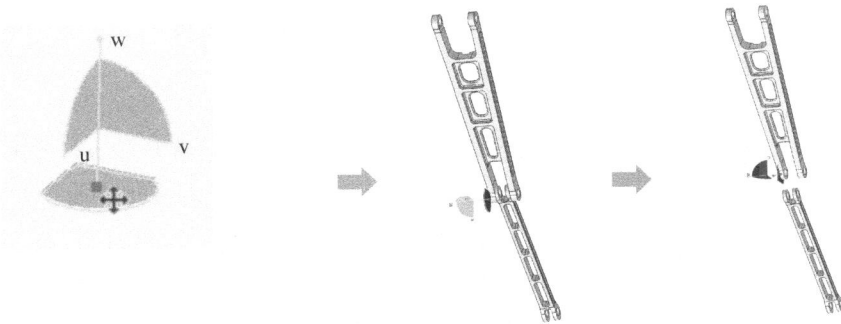

图 6－16　利用指南针平移零部件

若需令指南针脱离模型,可将其拖动至窗口右下角绝对坐标之处,或者拖动指南针离开物体的同时按住【Shift】键(并且要先松开鼠标左键),还可以点击菜单栏中的"视图"→"重置指南针"命令来实现。

3. 改变对象的位置或方向

"操作"命令允许用户使用鼠标徒手移动或旋转处于激活状态下的部件。

选择需要移动的零部件,点击"编辑"→"移动"→"操作",弹出"操作参数"对话框,如图 6－17 所示。

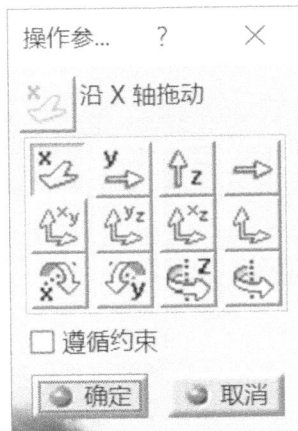

图 6－17　"操作参数"对话框

对话框的第 1 行显示的是当前选中的图标;第 2 行图标的功能是沿 x、y、z 或给定的方向平移。第 3 行图标的功能是沿着 xy 平面、yz 平面、zx 平面或给定平面平移;第 4 行图标的功能分别是绕着 x、y、z 或其他给定的轴线进行旋转。若选定"遵循约束"复选框,则选取的部件要遵循已经施加的约束,在满足约束下调整位置,且可以检验施加的约束,并且可以实现总装配体的运动学分析。

点击需要操作的图标,拖动光标到要移动的零部件。点击一次图标即可对多个对象进行操作,也可重新选择图标进行操作,直至操作完成,点击"确定"。

4. 捕捉

"捕捉"用于移动零件时,可以为它设置相应的参考,根据参考对象快速、方便地移动对象。

点击"编辑"→"移动"→"捕捉"命令,或单击 [图标] 按钮,然后依次选择要进行操作的两个对象,出现对齐箭头后,点击空白处,第一个元素即移动到第二个元素处并与之对齐。为捕捉元素定义对象见表 6 - 1。

表 6 - 1 为捕捉元素定义对象

第一被选元素	第二被选元素	结果
点	点	两点重合
点	线	点移动到直线上
点	平面	点移动到平面上
线	线	两线重合
线	点	直线通过点
线	平面	线移动到平面上
平面	线	平面通过线
平面	点	平面通过点
平面	平面	两平面重合

例如,单击 [图标] 按钮,将光标指向螺栓轴线,当该轴线标亮时,该轴线为第一被选元素,然后依次选择螺母的轴线,当螺母的轴线标亮时,则螺母的轴线为第二被选元素。单击空白处,两轴线重合,待螺栓与螺母连接后,点击空白处,则捕捉操作完成。若点击绿色箭头,则第一被选元素轴线变为反方向,如图 6 - 18(c)所示。

5. 智能移动

智能移动是指利用"智能移动"对话框在移动组件的同时创建相应的约束关系。

点击"编辑"→"移动"→"智能移动"菜单命令或单击 [图标],弹出"智能移动"对话框,如图 6 - 19 所示。若选中"自动约束创建",则形体会起到捕捉作用并且建立形体之间的约束关系,否则形体只能起到捕捉作用。其用法与"捕捉"相同,点击箭头可以调整方向,并且可以调整形体约束之间的先后顺序。

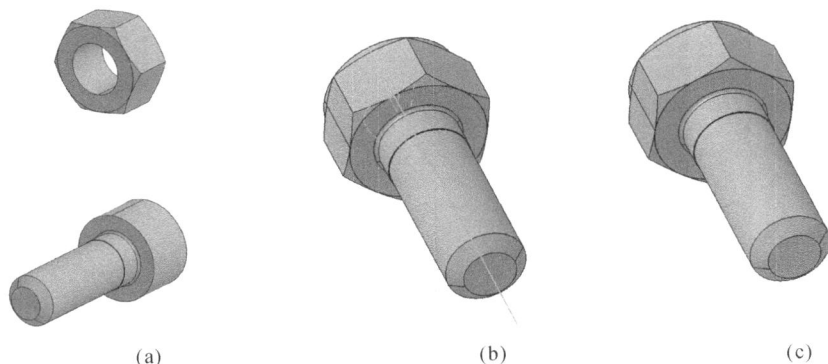

(a)　　　　　　　　　　　　(b)　　　　　　　　　　　　(c)

图 6 - 18　捕捉螺栓、螺母

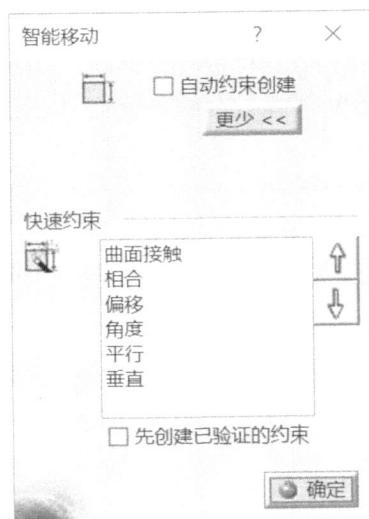

图 6 - 19　"智能移动"对话框

6.在装配中分解

"分解"是为了了解零部件之间的位置关系,对当前已经完成约束的装配设计进行自动爆炸操作,这一操作也有利于生成二维图。

点击"编辑"→"移动"→"在装配中分解"菜单命令或单击 ，弹出"分解"对话框,如图 6 - 20 所示。"深度"栏中选择分解层次至所有级别(全部分解)或第一级别。

"深度"用于设置分解的层次,包括以下选项:

(1)第一级别:只将装配体的第一层分解,若其中还有子装配,在分解时作为一个部件;

(2)所有级别:将装配图完全分解,变成最基本的部件等级。

"选择集"用于选中将要进行分解的装配体。

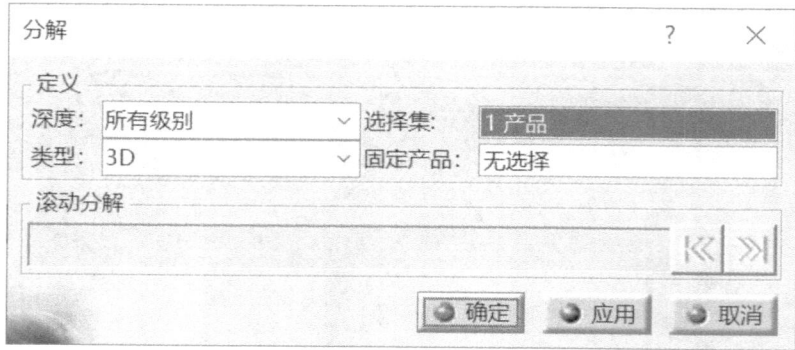

图 6 - 20 "分解"对话框

"类型"用于设置分解类型,具体包括以下几种类型:

(1)3D:将装配体在三维空间分解,如图 6 - 21(b)所示;

(2)2D:将装配体分解后投影到 xy 平面,如图 6 - 21(c)所示;

(3)受约束:装配体将会按照约束条件进行分解,如图 6 - 21(d)所示;

(4)固定产品:用于固定不动的产品的分解。

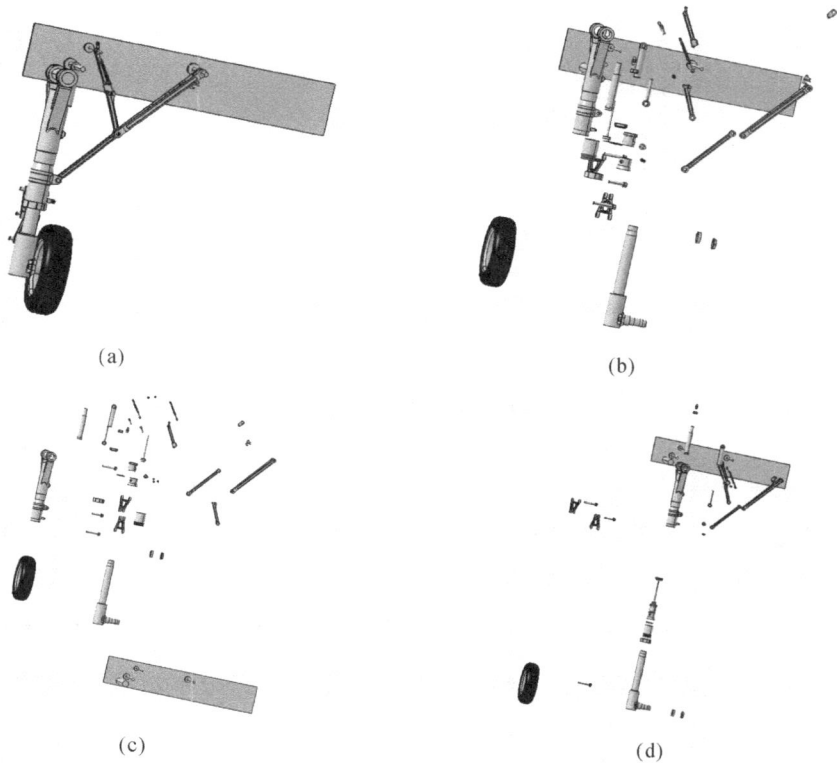

(a)

(b)

(c)

(d)

图 6 - 21　主起落架分解图

(a)主起落架;(b)3D 分解图;(c)2D 分解图;(d)以约束条件进行分解的图

（六）装配约束

装配约束用于创建部件之间的相互约束条件并以此来确定它们在装配体中的相对位置关系。装配约束相关菜单命令如图 6 - 22 所示。

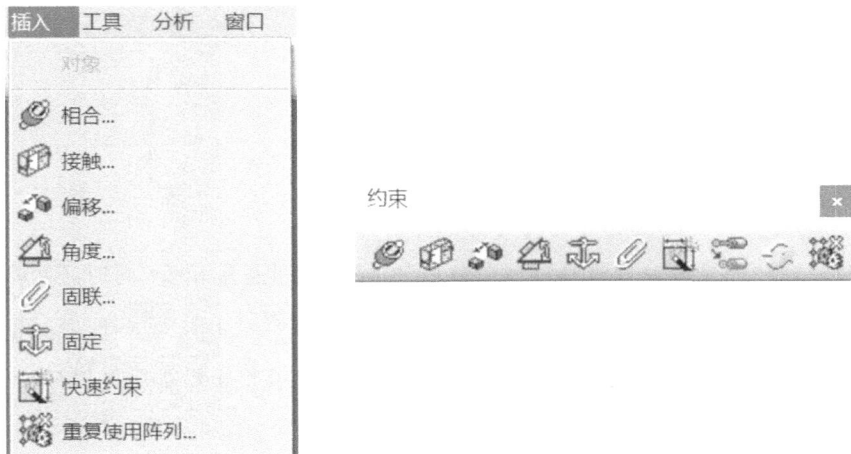

图 6 - 22　装配约束相关菜单命令栏

1. 相合

相合约束也称为重合，它的功能是在两几何元素之间施加重合约束，几何元素可以是点、直线、平面、形体的表面。

点击"插入"→"相合"菜单命令或单击　　　。依次选中两个元素，则第一被选元素移动到第二被选元素位置，两元素重合，获得同心、同轴和共面的关系。实例如图 6 - 23 所示。

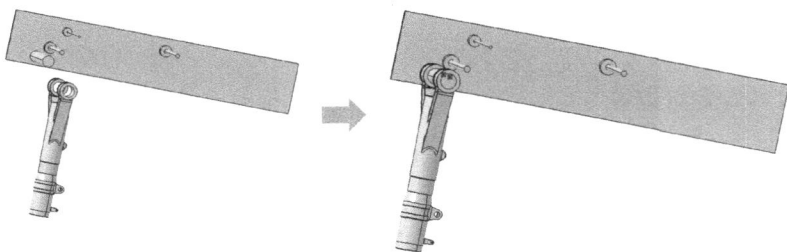

图 6 - 23　相合约束

2. 接触

接触约束的功能是在平面或形体表面施加接触约束，约束的结果是两平面或表面的外法线方向相反。点击"插入"→"接触"菜单命令或单击　　　，依次选中两个元素，则第一被选元素移动到第二被选元素位置，两面外法线方向相反。实例如图 6 - 24 所示。

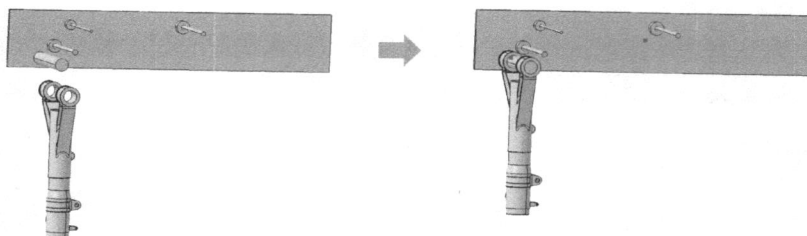

图 6 - 24　接触约束

3. 偏移

　　偏移约束的功能是确定两选择面的外法线方向是相同还是相反,同时还可以指定两面之间的偏移距离。点击"插入"→"偏移"菜单命令或单击 　。依次选择两个元素,则第一被选元素移动到第二被选元素位置,观察两面外法线的方向,单击箭头可以使方向调换,如图 6 - 25 所示。

图 6 - 25　偏移约束

4. 角度

　　角度约束的对象可以是直线、平面、形体表面、柱体轴线和锥体轴线。点击"插入"→"角度"菜单命令或单击 　,依次选择两个几何元素,在弹出的"约束属性"对话框中输入角度值,即可确定角度约束,如图 6 - 26 所示。

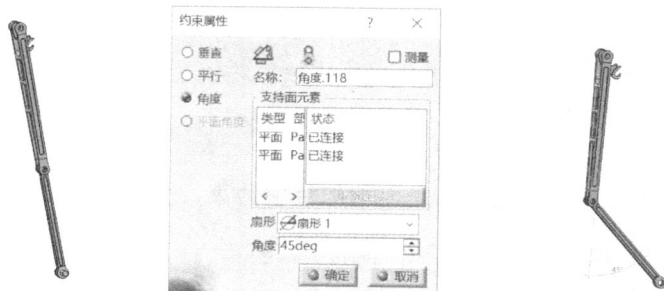

图 6 - 26　角度约束

5.固联

固联约束是施加在两个以上形体上的约束,使它们彼此之间相对静止,不发生任何相对运动。点击"插入"→"固联约束"菜单命令或单击 ,依次选择需要固联的形体,即可施加该约束,如图 6 - 27 所示。

图 6 - 27　固联约束

6.固定

固定约束即固定形体在空间的位置。点击"插入"→"固定"菜单命令或单击 ,选择待固定的形体,即可施加固定约束。已经施加固定约束的形体,若参与了"相合""接触""偏移"约束,且是第一个被选形体,将保持位置不变,而是改变第二个被选形体实现约束,如图 6 - 28 所示。

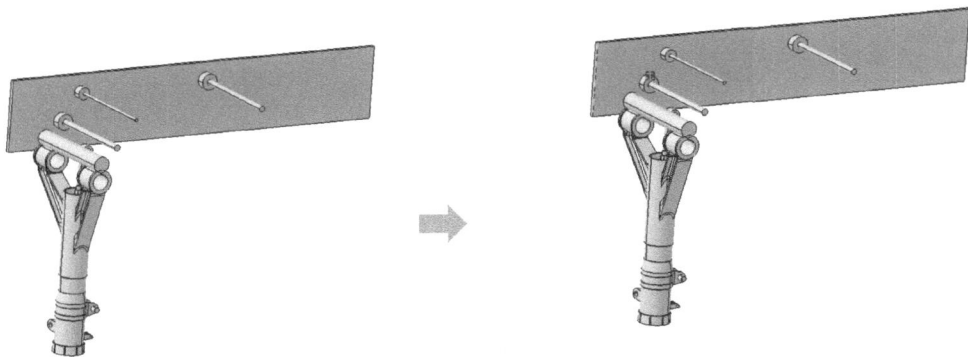

图 6 - 28　固定约束

7.快速约束

快速约束用于快速添加一些已经设置好的约束,例如"面接触""相合接触""距离""角度"和"平行"等。

点击"插入"→"快速约束"菜单命令或单击 ,选择两个部件表面,系统会根据所选部件情况自动创建相关约束,如图 6 - 29 所示。

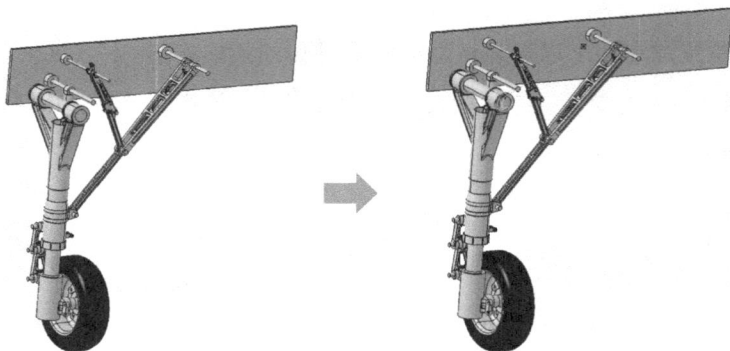

图 6 - 29　快速约束

8. 柔性/刚性子装配

子装配内零件在产品中的固定方式有两种：刚性固定和柔性固定。柔性固定是指子装配中的零部件像其他零部件一样，通过指南针等工具进行自由移动；刚性固定是指整个子装配只能作为刚性整体移动。通常，装配设计中的一个子装配往往作为一个刚性的整体来移动，此时可利用"柔性/刚性装配"命令将一个子装配中的组件单独处理。

单击"约束"工具栏上的"柔性/刚性装配"按钮，在特征树中选择"子装配"，将子装配变成柔性，可利用指南针单独移动，如图 6 - 30 所示。

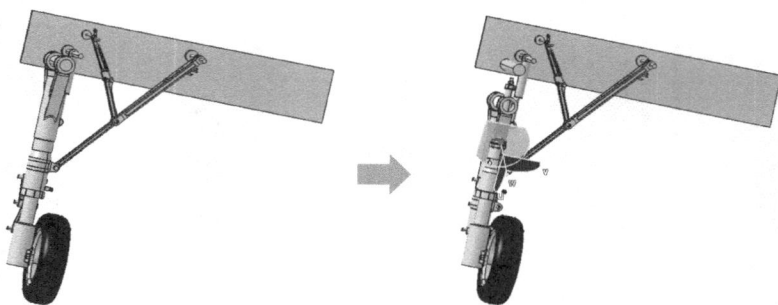

图 6 - 30　柔性子装配

9. 更改约束

更改约束是指在一个已经完成的约束上，更改约束类型。在特征树上选择需要更改的约束，单击"约束"工具栏上的"更改约束"按钮，弹出"可能的约束"对话框，选择要更改的约束类型，单击"确定"，系统即完成约束更改，如图 6 - 31 所示。

10. 重复利用实体阵列

重复利用实体阵列是指重复利用实体建模时定义的阵列，按照原有阵列模式产生一个新的实体阵列。

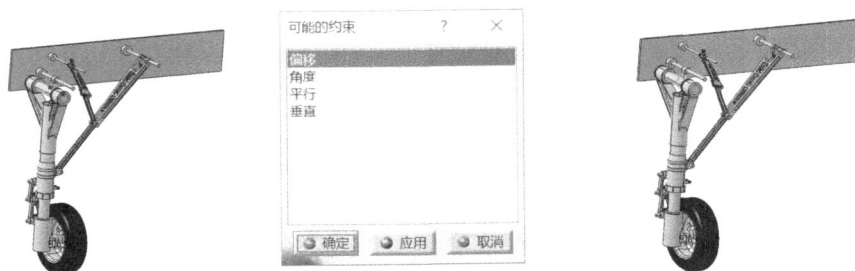

图 6 - 31　更改约束

点击"插入"→"重复使用阵列"菜单命令或单击图标( ),弹出图 6 - 32 所示的"在阵列上实例化"对话框。

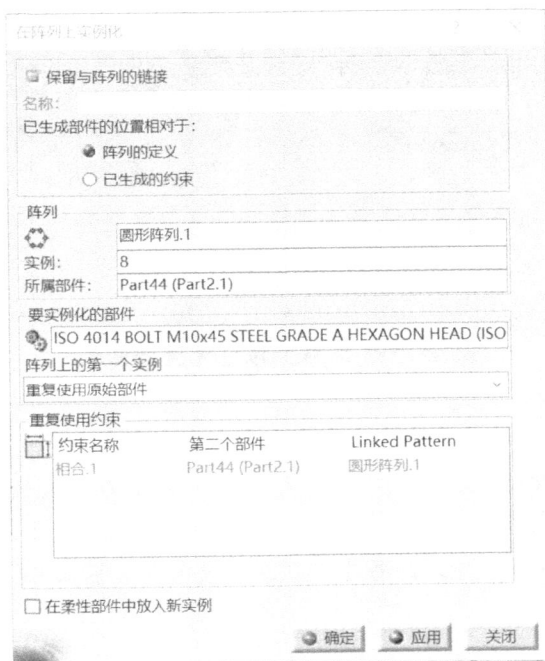

图 6 - 32　"在阵列上实例化"对话框

该对话框主要选项的含义如下。

(1)保留与阵列的链接:该复选框用于控制本功能生成的对象与原来阵列保持链接关系,如果原阵列修改,则本对象自动更新。

(2)已生成部件的位置相对于:若选中"阵列的定义"单选按钮(默认),则按照阵列定义的尺寸确定新生成部件的位置;若选中"已生成的约束"单选按钮,则自动检测阵列元素的全部原有约束,并列于"重复使用约束"下的文本框内。

(3)阵列:用于选取实体建模时定义的阵列,其下的"实例"和"所属部件"文本框由系统自动填写。

（4）要实例化的部件：用于选取用于阵列的实体模型。

（5）阵列上的第一个实例：有"重复使用原始部件""创建新实例""剪切并粘贴原始部件"三个选项，是新阵列中第一个对象的生成模式。

（6）重复使用约束：如果选中"已生成的约束"单选按钮，则自动检测阵列元素的全部原有约束结果列于本文本框中，可以选择要保留的约束，施加到新生成的阵列组件上。

（7）在柔性部件中放入新实例：如果选中该复选框，则在参数树上产生一个柔性组件，用来放置产生的所有阵列部件，否则所有阵列部件将分列到参数树上。

例如图 6-33（a）所示底板的 8 个孔是由圆形阵列形成的，有一个孔已安装了螺栓。单击图标 ，弹出"在阵列上实例化"对话框。选取底板孔，再选取螺栓。单击"应用"按钮，在其余 7 个孔上安装螺栓，如图 6-33(b)所示。

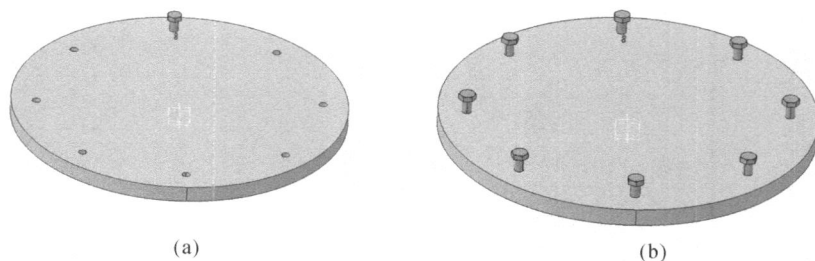

(a)　　　　　　　　　　　　　(b)

图 6-33　重复利用实体阵列

第四节　自顶向下装配

(一)基本概念

自当顶向下(Top-down)装配指的是先建装配图，然后在装配图里建模零件图，这种方法通常用于机械设计类的新产品设计。在用户不知道下一个零件什么样以及在什么情况下装配时，这种设计思路能在确定产品各零件之间装配关系的基础上设计各零件，方便边设计边修改边装配。

(二)自顶向下装配方法

（1）创建新装配：打开 CATIA 并创建一个新的装配文档。这将是自顶向下装配的主要工作环境。

（2）定义主装配框架：在新装配中，定义主装配框架。这通常是整个产品的骨架或核心结构。用户可以通过创建零部件、草图和基准平面来构建主装配框架。

（3）插入子装配：插入子装配到主装配中，这些子装配通常代表产品的各个模块或子系统。子装配可以是 CATIA 现有的零部件，也可以是用户后续创建的新零部件。

（4）建立关联：在子装配内，使用各种关联工具来确保子装配的零部件与主装配框架和其他子装配之间的关系正确。这可能包括约束、连接和引导等操作。

（5）设计子零部件：开始在子装配内设计子零部件。这可以包括创建零部件的草图、特征、实体等。要确保子零部件与主装配框架对齐,以满足整体设计需求。

(6)参数化:使用参数化技术将子零部件的尺寸和属性与主装配框架参数绑定,以确保在整个设计过程中的一致性。

(7)测试和验证:在完成子零部件设计后进行测试和验证,以确保装配的功能和性能符合要求。CATIA 提供了分析工具,可用于运动仿真、碰撞检测等测试。

(8)文档和发布:根据需要创建装配的文档,如零部件图纸和装配说明,然后发布装配,以进行制造或进一步的设计和分析。

(9)维护和更新:随着项目的进行,可能需要不断维护和更新装配,以满足设计变更或其他需求。

需要注意的是,自顶向下装配方法依赖于正确的参数化和关联,以确保整个装配在设计变更时具有一致性。CATIA 提供了丰富的工具和功能,帮助操作者有效地进行自顶向下装配设计。对每个步骤用户都需要仔细考虑和规划,以确保最终的产品满足设计要求。

第五节　练习与提高

(1)完成第三章第七节"练习与提高"中的 3 个三维建模,并根据图 6 - 34 进行装配。

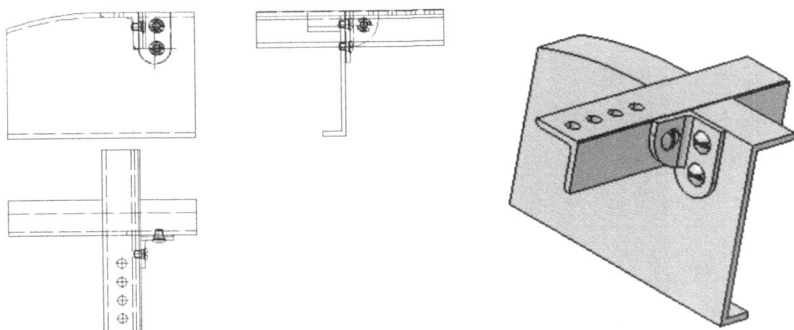

图 6 - 34　某飞机翼肋、长桁和角片装配位置关系图

(2)根据某飞机主起落架的几何关系,完成其装配建模(注:起落架各三维模型可下载本章电子资源查看)。

图 6 - 35　某飞机主起落架三维模型

第七章　工程图创建

第一节　工程视图设计

在产品的研发、设计和制造等过程中,各类技术人员需要经常进行交流,而三维模型并不能将所有的设计要求表达清楚,有些设计要求例如加工要求的尺寸精度、形位公差和表面粗糙度等,仍然需要借助二维工程图表达。因此,工程图的创建是产品设计中较为重要的环节,也是设计人员最基本的能力要求。

本节将介绍工程图工作台的基本知识,学习要点包括以下方面:

(1)CATIA 工程图界面的进入方法。

(2)工程图环境的设置。

(3)多种类型视图的创建。

(4)普通翼肋工程视图的创建。

(一) 基本设置

点击"开始"→"机械设计"→"工程制图"菜单命令,弹出图7-1所示的"创建新工程图"对话框。

该对话框的第一行是自动布局视图的4个图标,依次是"空图纸""所有视图""正视图、仰视图和右视图""正视图、俯视图和左视图"。第二行左边显示图幅横向的图标 $\boxed{A}$,或图幅纵向的图标 $\boxed{A}$;中间显示该图幅采用的标准、格式和纸张的大小;右边显示第一角投影法的图标 ◁◎ 。

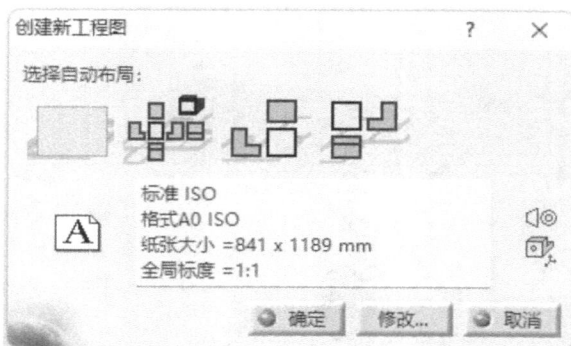

图7-1　"创建新工程图"对话框

　　选择"工具"→"选项"菜单命令,弹出"选项"对话框,单击该对话框中特征树上的"工程制图"结点,即可显示图 7-2(细节可下载本章电子资源查看)所示的"常规"等多个选项卡。此处简要介绍前 3 个选项卡的功能。

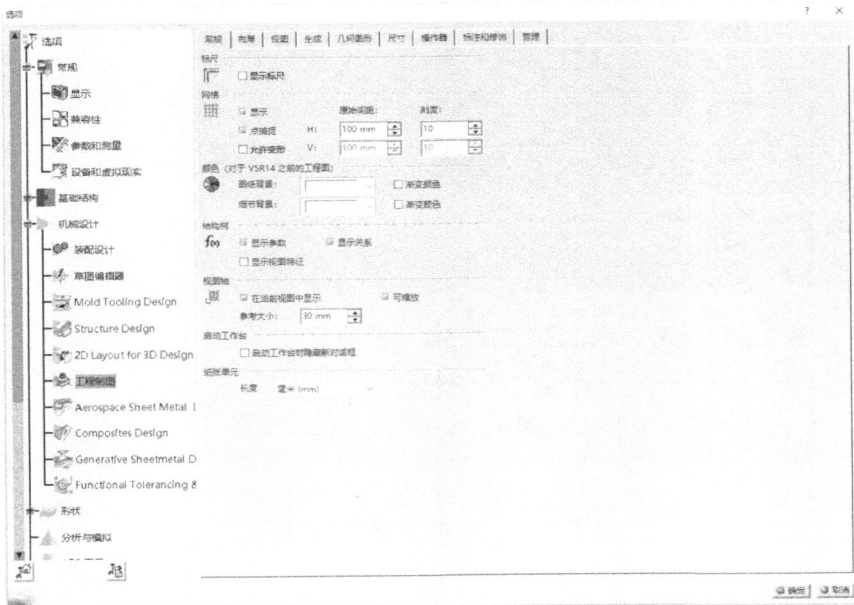

(a)

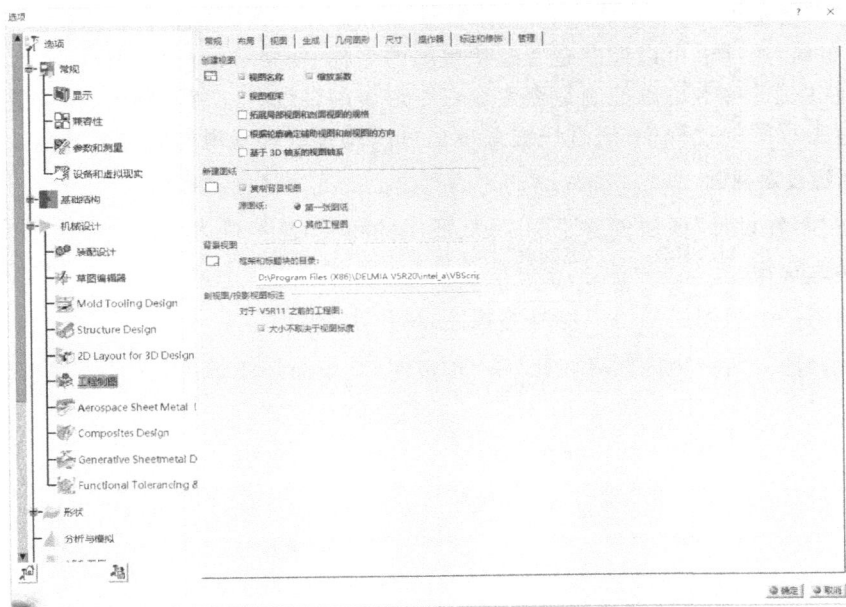

(b)

图 7-2　"选项"对话框及选项卡

(a)"常规"选项卡;(b)"布局"选项卡

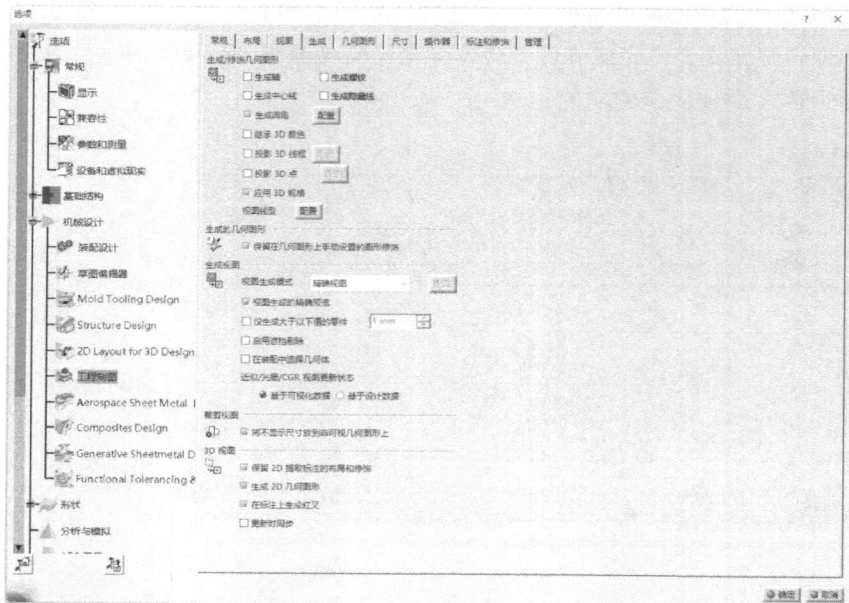

(c)

续图 7-2　"选项"对话框及选项卡

(c)"视图"选项卡

通过"常规"选项卡可以设置网格的间距、网格的显示状态及是否启用网格捕捉等,若选中"显示标尺"复选框,将显示图 7-2 所示的水平和垂直方向的标尺。

通过"布局"选项卡可以控制是否显示视图的名称、框架和缩放比例。

通过"视图"选项卡可以控制是否生成三维形体的轴线、中心线、圆角、螺纹等图形对象。

在创建工程图的过程中,通过快捷菜单也可以设置或改变当前的绘图环境。

(二)创建投影视图

假定在"零件设计"模块创建了图 7-3 所示的角片,已经进入了绘制工程图环境。

1.建立主视图

建立的第一个视图必须也只能是主视图,操作步骤如下:

(1)点击"插入"→"视图"→"投影"→"正视图"菜单命令或单击 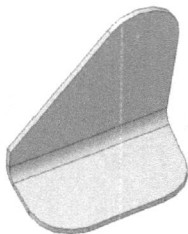。

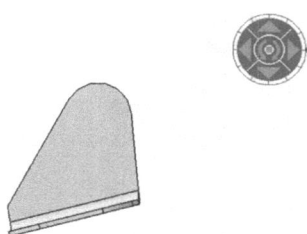

图 7-3　角片三维模型　　　**图 7-4　初始的视图和操作盘**

（2）点击"窗口"菜单,切换到角片的"零件设计"模块。

（3）在特征树或角片上选取一个投影面的平行面,假定选取了角片的端面,单击后自动返回到绘制工程图窗口,结果如图7－4所示。

（4）单击操纵盘按钮,将视图调整到正视状态,单击操纵盘以外的一点,得到角片的主视图,结果如图7－5所示。

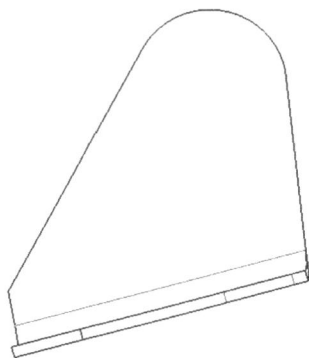

图7－5　角片主视图

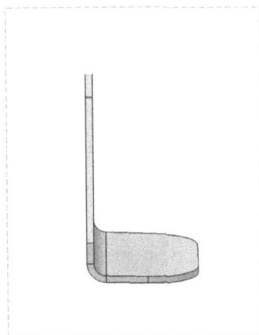

图7－6　动态显示左视图

2.获取角片的其他基本视图

角片的俯视图、左视图、右侧视图和仰视图只能通过主视图间接获取。假定已得到主视图,随后的操作如下:

（1）点击"插入"→"视图"→"投影视图"→"投影"菜单命令或单击 图标 。

（2）将光标移至主视图方框的右侧,动态地显示了左视图,如图7－6所示。

（3）单击动态显示的左视图,即可得到左视图。

（4）进行同样的操作,即可得到角片的俯视图、仰视图和右视图,如图7－7所示。

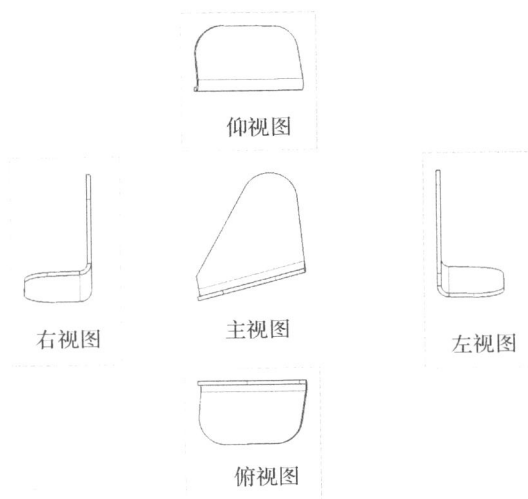

仰视图

右视图　　　主视图　　　左视图

俯视图

图7－7　角片工程视图

3. 获取角片的后视图

因为后视图与主视图不相邻,所以只能通过其他视图间接获取后视图。其操作步骤如下:

(1)双击左视图的方框,左视图成为当前视图。

(2)单击图标 ,将光标移至左视图的右侧,动态地显示了后视图,单击后即可得到如图7-8所示的后视图。

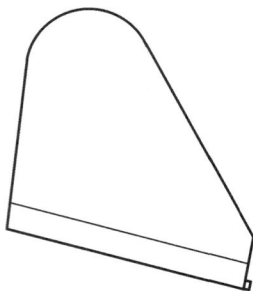

图7-8 得到后视图

4. 获取角片的轴测图

因为轴测图与基本视图没有对齐关系,所以它不依赖主视图而单独创建。其操作步骤如下。

(1)点击"插入"→"视图"→"投影"→"等轴测视图"菜单命令或单击 。

(2)选择"窗口"菜单,切换到"创建角片的零件设计"模块。在特征树或角片上选取一个平面,系统返回到绘制工程图窗口,如图7-9(a)所示。

(3)通过操纵盘调整角片与图纸的角度,单击操纵盘以外的一点,得到图7-9(b)所示的角片的轴测图。

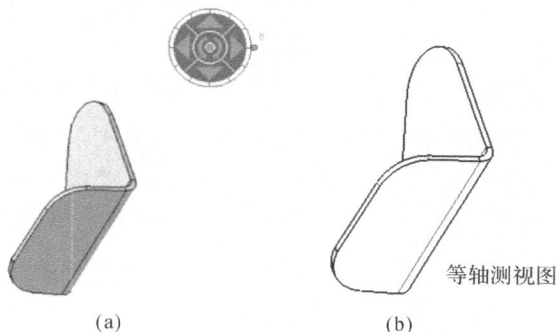

(a)　　　　　　　(b)

图7-9 得到轴测视图

(三)创建截面视图

用一个或一组平行于投影面的平面剖切角片得到断面图,具体操作步骤如下:

(1)双击可以确定剖切平面的视图,使其成为活动视图。

(2)点击"插入"→"视图"→"截面"→"偏移截面分割"菜单命令或单击 。

(3)在活动的视图内输入两个点(通常是形体对称线上的点,在第二点处双击结束),系统自动完成两点的连线,该连线即为剖切平面的位置,移动光标,同时动态地显示着图7-10(a)所示的角片的投影。

(4)单击,即可得到图 7 - 10(b)所示的角片截面图。

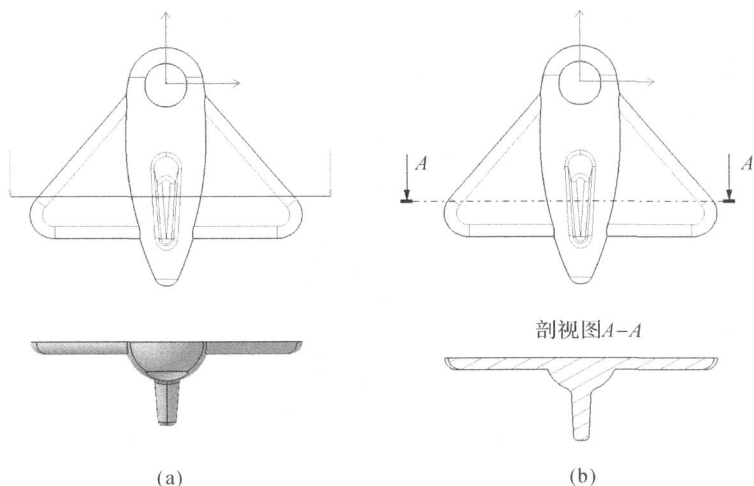

(a)　　　　　　　　　　　　(b)

图 7 - 10　得到的角片截面图

(四)创建局部放大视图

局部放大视图用来表达零件的细小结构。首先,在已有的视图上确定局部视图的边界,然后用这个边界从已有视图的副本上裁剪出局部放大视图。生成圆形区域的局部放大视图的操作步骤如下:

(1)双击要局部放大的视图,使其成为活动视图。

(2)点击"插入"→"视图"→"详细信息"→"详细"菜单命令或单击 🔧 。

(3)在需要放大的区域指定一点为圆心绘制一个圆,如图 7 - 11(a)所示。

(4)将光标移至局部视图需要放置的位置,单击即可得到图 7 - 11(b)所示的局部放大视图。

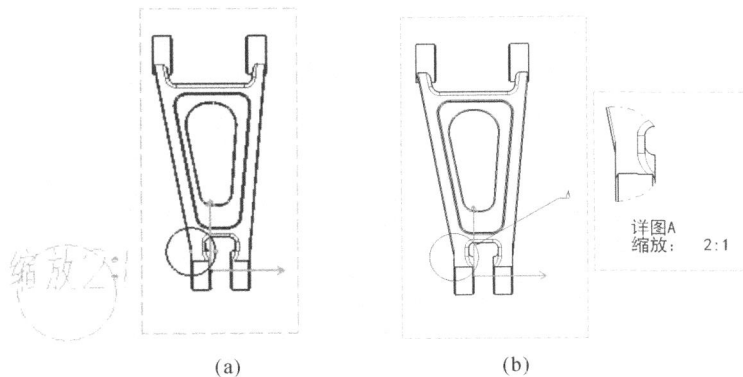

(a)　　　　　　　　　　　　(b)

图 7 - 11　得到用圆裁剪的局部放大图

(1)生成多边形区域的局部放大视图的操作步骤如下:

1）双击要局部放大的视图，使其成为活动视图。

2）点击"插入"→"视图"→"详细信息"→"详细视图轮廓"菜单命令或单击 。

3）在需要放大的区域绘制图 7-12（a）所示的任意多边形。

4）移动光标确定局部视图需要放置的位置，单击即可得到图 7-12（b）所示的局部视图。

（a）　　　　　　（b）

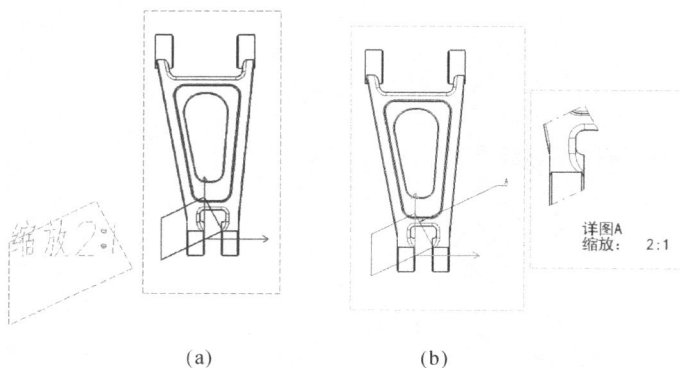

图 7-12　得到用多边形裁剪的局部放大视图

（2）快速生成局部放大视图。

快速生成局部放大视图的操作过程与前面介绍的生成局部放大视图的操作过程相同，不同的是快速生成的局部放大视图保留了完整的圆形或多边形的边界。

快速生成圆形区域局部放大视图需要点击"插入"→"视图"→"详细信息"→"快速详细视图"菜单命令或单击 。

快速生成多边形区域局部放大视图需要点击"插入"→"视图"→"详细信息"→"快速详细视图轮廓"菜单命令或单击 。

（3）修改局部放大视图的比例。

右击局部放大视图的方框或特征树的相应结点，在弹出的快捷菜单中选择"属性"命令，弹出"属性"对话框。修改"视图"选项卡中的"缩放"值即可修改局部放大视图的比例。

（五）创建局部视图

（1）用圆将已有视图裁剪为局部视图，操作步骤如下：

1）双击要修改视图的方框，使其成为活动视图。

2）点击"插入"→"视图"→"裁剪"→"裁剪视图"菜单命令或单击 。

3）在活动的视图内绘制一个圆，如图 7-13（a）所示，所选视图随即被裁剪为局部视图，如图 7-13（b）所示。

（2）用多边形将已有视图裁剪为局部视图，具体操作步骤如下：

1）双击要修改视图的方框，使其成为活动视图。

2）点击"插入"→"视图"→"裁剪"→"裁剪视图轮廓"菜单命令或单击 🔧。

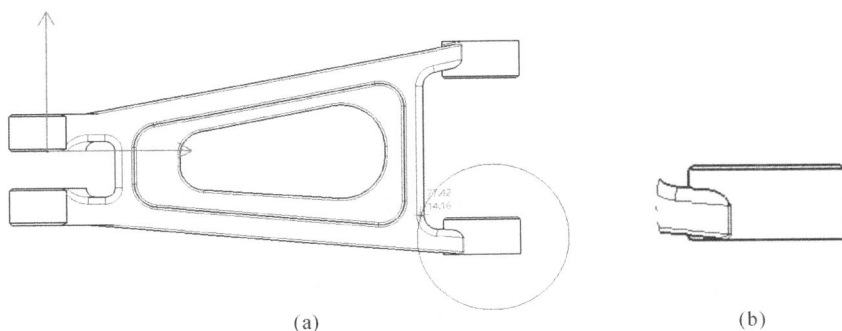

(a)　　　　　　　　　　　　　　　　　(b)

图 7 - 13　用圆裁剪的局部视图

3）在活动的视图内输入多边形的顶点，绘制一个多边形，如图 7 - 14（a）所示，所选视图随即被裁剪为局部视图，如图 7 - 14（b）所示。

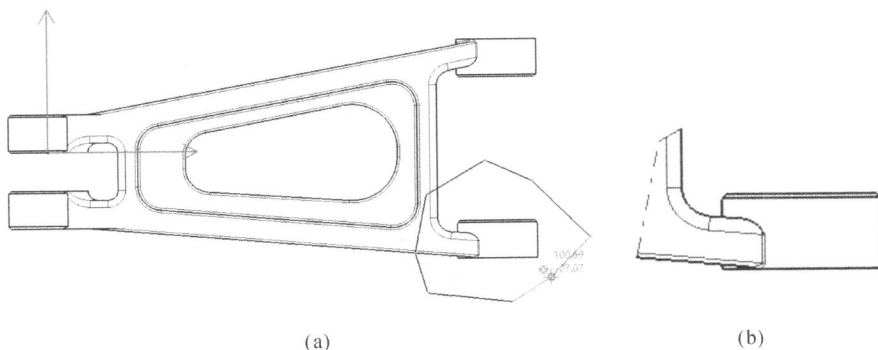

(a)　　　　　　　　　　　　　　　　　(b)

图 7 - 14　用多边形裁剪的局部视图

3. 快速生成局部视图

快速生成局部视图的操作过程与前面介绍的生成局部视图的操作过程相同，不同的是，快速生成的局部视图保留了完整的圆形或多边形的边界。

快速生成被圆裁剪的局部视图需要点击"插入"→"视图"→"裁剪"→"快速裁剪"菜单命令或单击 🔘。

快速生成被多边形裁剪的局部视图需要点击"插入"→"视图"→"裁剪"→"快速裁剪轮廓"菜单命令或单击 🏠。

（六）创建断开视图

在制图中，经常会遇到一些长度较长且截面形状没有变化的零件，若要反映整个零件的尺寸形状，需用大幅面的图纸。为了既节省图纸幅面，又可以反映零件形状尺寸，在实际绘图中常采用断开视图。断开视图指的是从零件视图中删除选定两点之间的视图部分,将余下的两部分合并成一个带破断线的视图。现在创建图 7-15 所示的视图,具体操作过程如下:

(1)双击需要断开表示视图的方框,使其成为活动视图。

(2)选择"插入"→"视图"→"断开视图"→"局部视图"菜单命令或单击 ▦。

(3)在活动的视图内指定点 P1,就确定了第一个截面的位置。但截面的方向有水平或竖直两种可能。根据光标的当前位置,动态地显示过该点不同宽度的两条绿线,光标所指的宽线即为截面的投影。这样就确定了第一个截面的方向。

(4)根据光标的当前位置动态地显示表示第二个截面的宽线,如图 7-15(a)所示。

(5)确定第二个截面后,单击任意一点,就得到了断开表示的轴的视图,如图 7-15(b)所示。

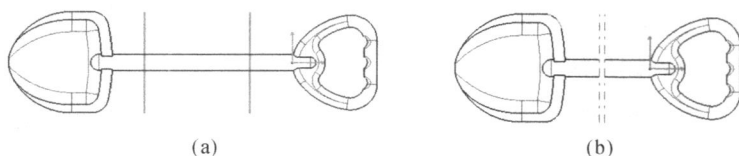

(a)　　　　　　　　　　(b)

图 7-15　得到断开视图

(七)创建模板视图

1.创建自定义模板视图

(1)单击"向导"工具栏中的"视图创建向导"按钮 ▦,系统弹出图 7-16 所示的"视图向导"对话框。

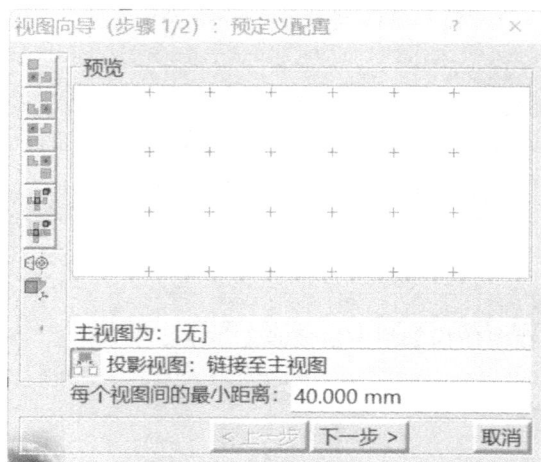

图 7-16　"视图向导"对话框

（2）单击"下一步"按钮。

（3）选择正视图、左视图、右视图、俯视图和轴侧视图，并将它们放到合适的位置，如图 7-17 所示。

（4）单击"完成"按钮，选择"窗口"菜单中的 3D 模型文档，切换到 3D 模型设计平台。

（5）在三维模型中选择上表面，系统自动进入工程图设计平台。

（6）操纵视图操纵盘，调整到需要的视图角度。

（7）单击视图完成创建，如图 7-18 所示。

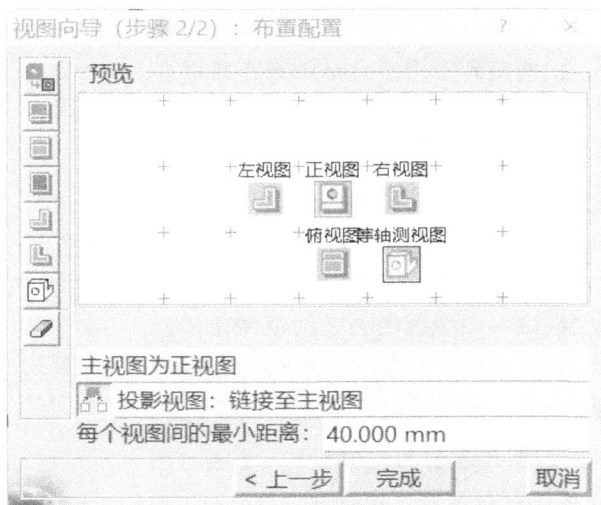

图 7-17　视图布置预览图

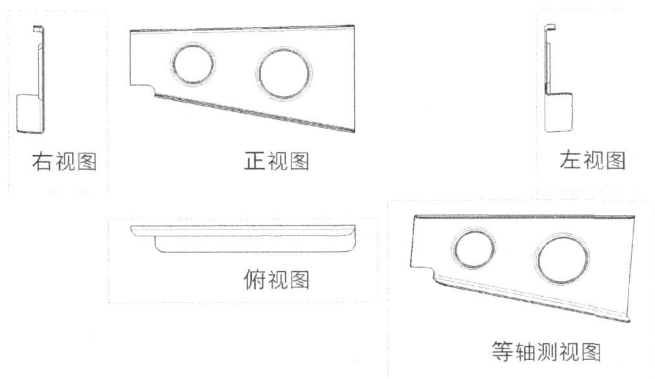

图 7-18　创建的自定义视图

2. 创建主视图、俯视图和左视图

（1）单击"向导"工具栏中的"正视图、顶视图和左视图"按钮 。

（2）选择"窗口"菜单中的 3D 模型文档,切换到 3D 模型设计平台。

（3）在三维模型中选取平面或零件中的平面部位,系统自动进入工程图设计平台。

（4）操纵视图操纵盘,调整到主视图合适的视图角度。

（5）单击工作区空白处,系统自动生成前视图、顶视图和左视图。

3.创建正视图、仰视图和右视图

（1）单击"向导"工具栏中的"主视图、仰视图和右视图"按钮 。

（2）选择"窗口"菜单中的 3D 模型文档,切换到 3D 模型设计平台。

（3）在三维模型中选取平面或零件中的平面部位,系统自动进入工程图设计平台。

（4）操纵视图操纵盘,调整到主视图合适的视图角度。

（5）单击工作区空白处,系统自动生成正视图、仰视图和右视图。

4.创建全部视图

（1）单击"向导"工具栏中的"所有视图"按钮。

（2）选择"窗口"菜单中的 3D 模型文档,切换到 3D 模型设计平台。

（3）在三维模型中选取平面或零件中的平面部位,系统自动进入工程图设计平台。

（4）操纵视图操纵盘,调整到主视图合适的视图角度。

（5）单击工作区空白处,系统自动生成前视图、俯视图和左视图。

（八）普通翼肋工程视图

图 7 - 19 所示为一个普通翼肋的三维视图,按照前面介绍的操作方式,生成其工程视图。

1.生成翼肋主视图

（1）单击"投影"工具栏中的"正视图"按钮。

（2）选择"窗口"菜单中的 3D 模型文档,切换到 3D 模型设计平台。

（3）选择图 7 - 20 所示的投影平面,自动转到工程图设计平台。

（4）在图纸中的适当位置单击,即生成翼肋的主视图,效果如图 7 - 21 所示。

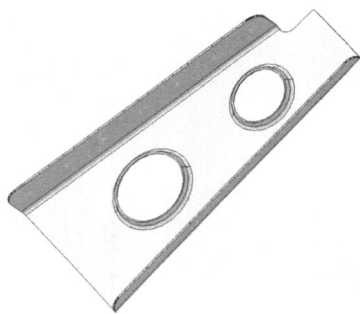

图 7 - 19　翼肋

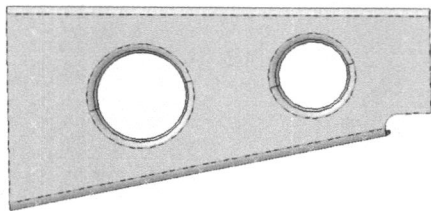

图 7 - 20　投影平面

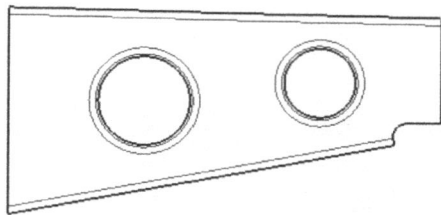

图 7 - 21　生成的主视图

2.生成翼肋的剖视图

(1)单击"截面"工具栏中的"偏移剖面图按钮"。

(2)移动光标至主视图的正上方,单击,向下移动光标正下方,双击。

(3)移动光标至主视图左侧,单击,生成剖视图,效果如图7-22所示。

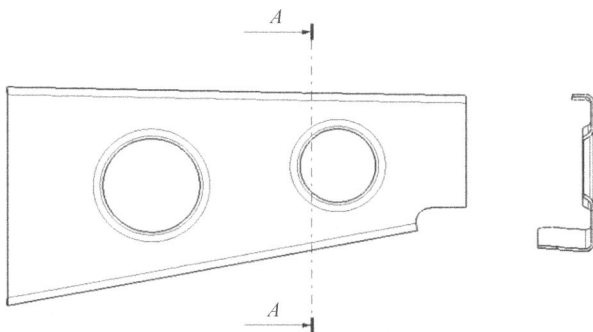

图7-22 生成的剖视图

3.生成翼肋局部放大视图

(1)单击"详细信息"工具栏中的"详细视图"按钮,系统弹出"工具控制板"对话框。

(2)在"工具控制板"对话框中的"R"文本框中输入10,按下【Enter】键。

(3)移动光标至主视图需要放大的地方,单击。

(4)移动光标至放大视图位置处,单击即生成局部放大视图,效果如图7-23所示。

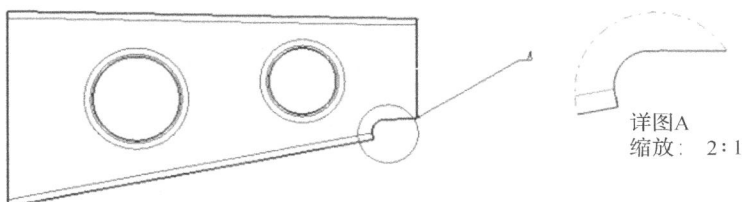

图7-23 生成的局部放大视图

4.生成翼肋等轴测视图

(1)单击"投影"工具栏中的"等轴测视图"按钮。

(2)选择"窗口"菜单中的3D模型文档,切换到3D模型设计平台。

(3)旋转3D模型为合适的位置,选择3D模型中任意平面,系统自动转到工程图设计平台。

(4)单击"视图操纵盘"中的按钮,调整至所需的视图角度。

(5)在图纸的适当位置单击,生成图7-24所示的等轴测图。

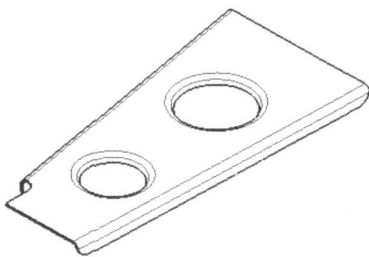

图7-24 等轴测图

第二节　尺　寸　标　注

尺寸标注是工程图的一个重要组成部分。CATIA 工程图工作台具有方便的尺寸标注功能,既可以由系统根据已存约束自动生成尺寸,也可以由用户根据需要自行标注。本节将详细介绍尺寸标注的各种方法。

本节介绍尺寸标注的基本知识,学习要点包括以下方面:

(1)标注尺寸的方法;

(2)对尺寸进行编辑的方法;

(3)标注加工要求的方法。

(一)标注尺寸

1.一次自动生成全部尺寸

获取角片的视图后,点击"插入"→"生成"→"生成尺寸"菜单命令或者单击 ![icon]，弹出图 7-25 所示的"尺寸生成过滤器"对话框。通过"尺寸生成过滤器"对话框了解到该角片总共用到多少个尺寸约束。

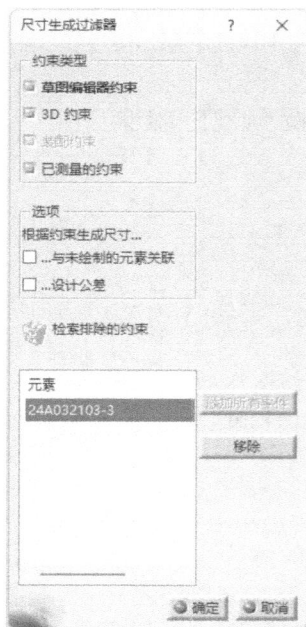

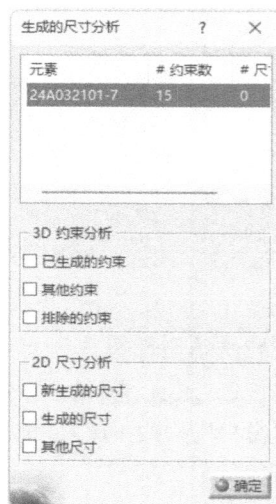

图 7-25　"尺寸生成过滤器"对话框　　图 7-26　"生成的尺寸分析"对话框

如果关闭"草图编辑器约束"复选开关,则不生成草图编辑时标注的尺寸;如果不选中"3D 约束"复选框,则不生成在 3D 模块中用到的尺寸;如果不选中"与未绘制的元素关联"复选框,则不生成俯视图上的定位尺寸。单击"确定"按钮,在标注角片尺寸的同时,还会弹出图 7-26 所示的"生成的尺寸分析"对话框。"生成的尺寸分析"对话框显示了该角片约束的数量和生成尺寸的数量。通过"已生成的约束"等复选框，可以分析这些尺寸的来源。单击"确定"按钮，尺寸生成完毕。

2. 单步自动生成尺寸

点击"插入"→"生成"→"逐步生成尺寸"菜单命令或单击 ![icon]，弹出图 7－25 所示的"尺寸生成过滤器"对话框，单击"确定"按钮，弹出图 7－27 所示的"逐步生成"对话框。

该对话框的滑动条显示正在标注尺寸的序号。单击按钮

![icon]，标注下一个尺寸；单击按钮 ![icon]，标注剩余的全部尺寸；单击

按钮 ![icon]，暂停，用于调整或删除当前的尺寸，再次单击该按钮，

将继续标注尺寸；单击按钮 ![icon]，停止标注尺寸；单击图标 ![icon]，删

除当前尺寸；单击图标 ![icon]，将当前尺寸改注在其他视图。选中

"3D 可视化"复选框，在零件设计模块也能看到标注的尺寸；选中

"超时"复选框，当超出设置的时间时将自动标注下一个尺寸，其

右方的编辑框用于设置等待标注的时间。

图 7－27 "逐步生成"对话框

标注了全部尺寸或单击按钮 ![icon]，出现图 7－26 所示的"生成

的尺寸分析"对话框，单击"确定"按钮，尺寸生成完毕。

3. 手动标注尺寸

当自动生成尺寸不能全面地表达零件的结构或在工程图中需要增加一些特定的尺寸标注时，就需要通过手动标注尺寸。这类尺寸受零件模型所驱动，因此又常被称为"从动尺寸"。手动标注尺寸与零件或组件具有单向关联性，即这些尺寸受零件模型所驱动。当零件模型的尺寸改变时，工程图中的这些尺寸也随之改变，但这些尺寸不能在工程图中修改。

(1)"工具控制板"工具条。

点击下拉菜单中的"插入"→"尺寸标注"→"尺寸"→"尺寸"命令，系统弹出图 7－28 所示的"工具控制板"工具条。通过它们可以确定尺寸线的方向，得到相应的尺寸值。

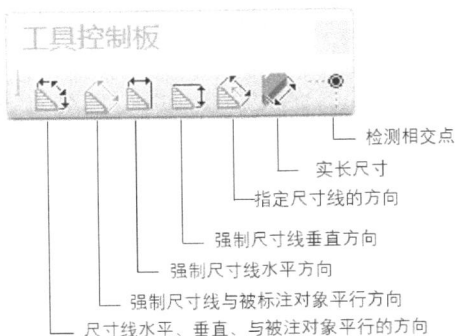

图 7－28 尺寸标注的"工具控制板"和快捷菜单

（2）确定尺寸的基本类型。

基本的尺寸有长度（线性）型、直径型、半径型和角度型，如图 7-29 所示。尺寸的类型与被标注对象的类型有关。

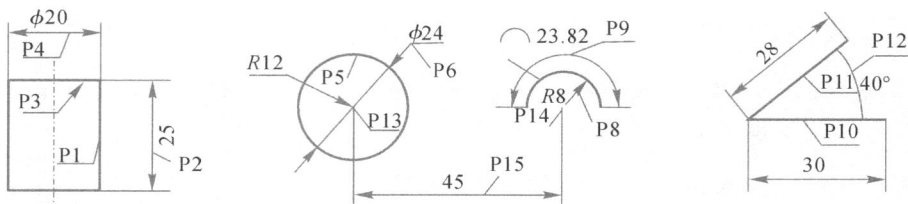

图 7-29　多种尺寸类型

现在以图 7-29 所示的尺寸为例，介绍标注这些尺寸的操作方法。

1）标注长度型尺寸"25"。单击图标![icon]，单击图 7-29 中所示的点 P1，该直线变为橙色，右击，弹出图 7-30（a）所示的快捷菜单，选择"长度"命令（若当前已选该项，则省略此步，以下同），再单击点 P2 即可。

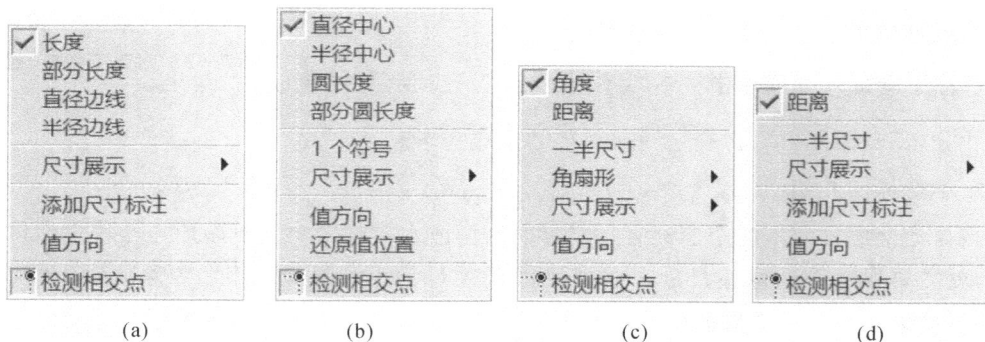

图 7-30　选择被标注对象之后的快捷菜单

2）标注长度型尺寸"Φ20"。单击图标![icon]，单击图 7-29 中所示的点 P3，该直线变为橙色，右击，弹出图 7-30（a）所示的快捷菜单，选择"直径边线"命令，再单击点 P4 即可。若选择"半径边线"，则在尺寸数值前加前缀"R"。

3）标注直径型尺寸"Φ24"。单击图标![icon]，单击图 7-29 中所示的点 P5，该圆变为橙色，右击，弹出图 7-30（b）所示的快捷菜单，选择"直径中心"命令，再单击点 P6 即可。

4）标注半径型尺寸"R8"。单击图标![icon]，单击图 7-29 中所示的点 P7，该圆弧变为橙色，右击，弹出图 7-30（b）所示的快捷菜单，选择"半径中心"命令，再单击点 P8 即可。

5）标注弧长型尺寸"23.82"。单击图标![icon]，单击图 7-29 中所示的点 P7，该圆弧变为橙色，右击，弹出图 7-30（b）所示的快捷菜单，选择"圆长度"命令，再单击点 P9 即可。

6)角度型尺寸"40°"。单击图标 ⟵⟶ ,单击图 7 - 29 中所示的点 P10、P11,这两条直线变为橙色,右击,弹出图 7 - 30(c)所示的快捷菜单,选择"角度"命令,再单击点 P12 即可。

7)长度型尺寸"45"。单击图标 ⟵⟶ ,单击图 7 - 29 中所示的圆心点 P13、P14,这两点变为橙色,右击,弹出图 7 - 30(d)所示的快捷菜单,选择"距离"命令,单击点 P15 即可。

标注尺寸 30 的操作与标注尺寸 25 相同,标注尺寸 R12 的操作与标注尺寸 R8 相同。若标注圆时在快捷菜单中选择"半径中心"命令,则生成尺寸 R12,同样在标注圆弧时在快捷菜单中选择"直径中心"命令,则生成尺寸 Φ16。

(3)链式尺寸标注。

单击图标 ⟵⟶ ,再依次单击点 P1～P4(选择 4 个圆),指定尺寸线位置,即可得到图 7 - 31 所示的链式尺寸标注。

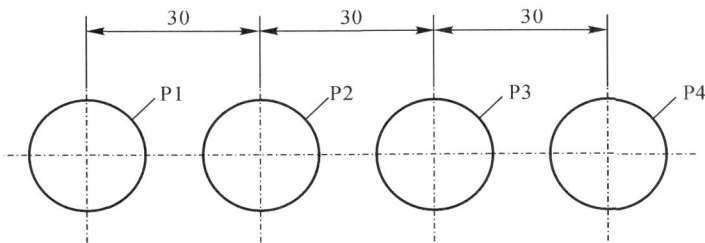

图 7 - 31　标注链式尺寸

(4)累计型尺寸标注。

单击图标 ⟶ ,再依次单击点 P1～P4(选择 4 个圆),输入尺寸线的位置,即可得到图 7 - 32 所示的累积型尺寸标注。

(5)堆叠式尺寸标注。

单击图标 ⟷ ,再依次单击点 P1～P4,指定第一条尺寸线的位置点 P5,即可得到图 7 - 33 所示的堆叠式尺寸标注。

(6)专门标注长度型的尺寸。

单击图标 ⟷ ,只标注长度型的尺寸,是可标注多种类型的尺寸 ⟷ 的子集。

(7)专门标注角度型的尺寸。

单击图标 ⟍ ,只标注角度型的尺寸,是可标注多种类型的尺寸 ⟷ 的子集。

(8)标注半径型的尺寸。

单击图标 R ,只标注半径型的尺寸,是可标注多种类型的尺寸 ⟷ 的子集。

(9)标注直径型的尺寸。

单击图标 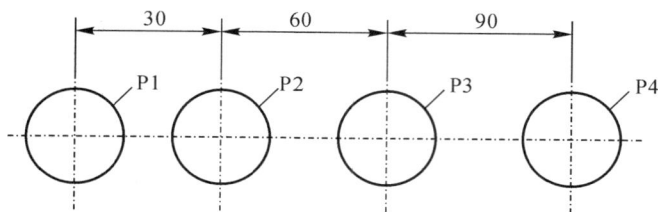 ，只标注直径型的尺寸，是可标注多种类型的尺寸 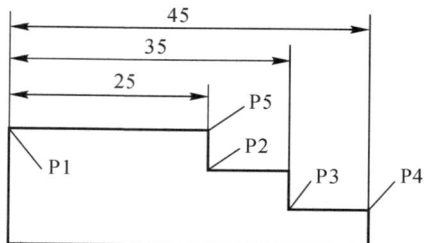 的子集。

图 7 - 32　标注累积型尺寸

图 7 - 33　标注堆叠式尺寸

(二)尺寸编辑

编辑尺寸与有关的菜单和工具栏如图 7 - 34 所示。

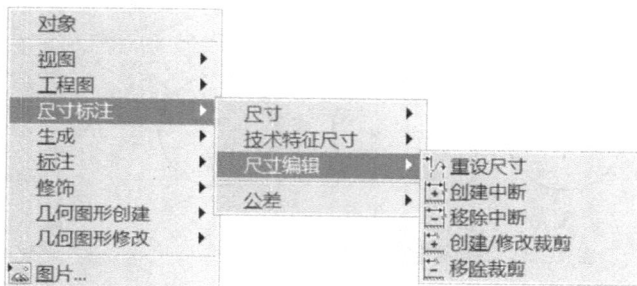

(a)

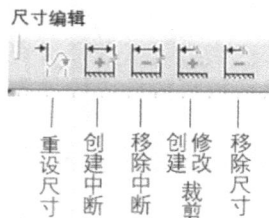

(b)

图 7 - 34　编辑尺寸有关的菜单和工具栏

(a)菜单；(b)工具栏

(1) 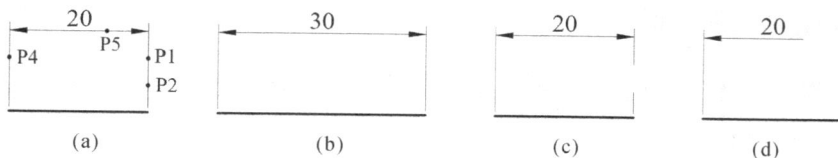 :重设选定的尺寸。单击该图标,选择一个尺寸,例如选择图 7 - 35(a)所示的尺寸,再选择一个待标注的同类对象,例如选择图 7 - 35(b)中的直线,此时先选择的尺寸 20 会被删除,后选择的对象被标注为尺寸 30。

(a)　　　　　(b)　　　　　(c)　　　　　(d)

图 7 - 35　断开或修补尺寸界限

(2) 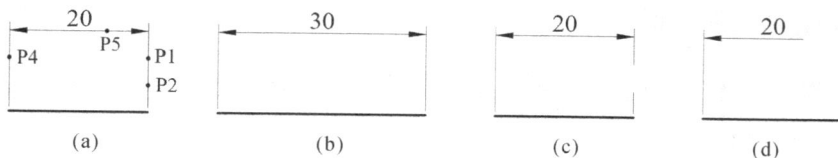 :断开所选的尺寸界线。单击该图标,选择要断开尺寸界线的尺寸,例如选择图 7 - 35(a)所示的尺寸,指定断开尺寸界线的第一点 P1,再指定断开尺寸界线的第二点 P2,结果如图 7 - 35(c)所示。

（3）:修补指定的尺寸界线。单击该图标,选择要修补尺寸界线的尺寸,例如选择图 7-35(c)所示的尺寸并单击,该尺寸界线被修复。

（4）:裁去指定一侧的尺寸和尺寸界线。单击该图标,选择要裁剪的尺寸,指定尺寸保留的一侧,例如指定图 7-35(a)所示的点 P3 附近,再指定裁点 P4,结果如图 7-35(d)所示。

（5）:修复被裁剪的尺寸线和尺寸界线。单击该图标,选择要修复的尺寸,例如指定图 7-35(d)所示的尺寸,该尺寸被修复。

（三）创建形位公差

如果对零件的表面形状或一些表面之间的相对位置有较高的精度要求,就应该标注零件的形状或位置的公差,即标注形位公差。有关形位公差的菜单和工具栏如图 7-36 所示。

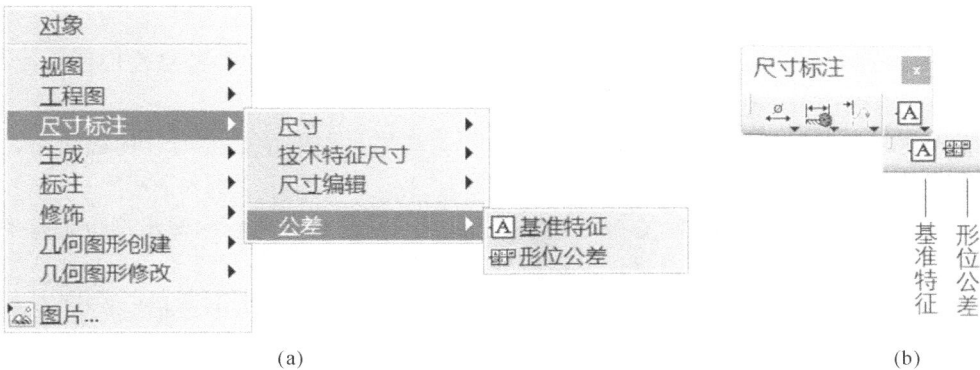

(a)　　　　　　　　　　　　　　　　(b)

图 7-36　与标准形位公差相关的菜单和工具栏

1.标注形位公差

（1）确定形位公差的标注位置。单击图标,确定待标注的对象,例如图 7-37 所示的点 P1,确定形位公差方框的位置,例如点 P2,弹出图 7-38 所示的"形位公差"对话框。

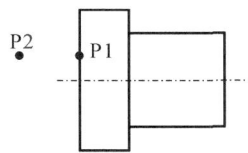

图 7-37　确定形位公差的位置

图 7-38　"形位公差"对话框

（2）填写形位公差的数值。从"公差"栏的下拉列表中选择垂直符号,填写公差数值"0.01",在"参考"文本框中填写"A",单击"确定"按钮,即得到图7-39（a）所示的形位公差的标注。

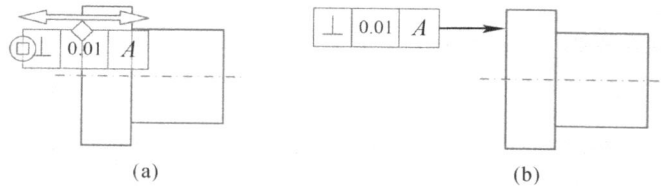

图7-39　调整形位公差的位置

（3）调整形位公差的位置。用鼠标拖曳形位公差的方框或移动标记,单击框外一点,得到图7-39（b）所示的形位公差的标注。

2.修改形位公差

（1）双击已标注的形位公差,弹出图7-38所示的对话框,在其中可修改形位公差的符号或数值。

（2）单击已标注的形位公差,通过"文本属性"工具栏改变形位公差的字体或大小,通过"图形属性"工具栏改变形位公差的颜色。

（3）右击已标注的形位公差,在弹出的快捷菜单中选择"属性"命令,弹出形位公差的"属性"对话框,如图7-40所示。通过该对话框修改形位公差的属性。

例如,右击图7-39（b）中所示的形位公差,在弹出的快捷菜单中选择"属性"命令,在"属性"对话框的"字体"选项卡中选择字体"STFangsong",通过"文本"选项卡选择"方向"为"竖直",单击"确定"按钮之后,即可调整形位公差的位置。

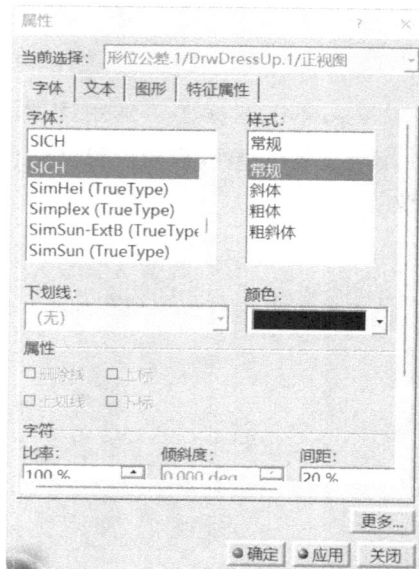

图7-40　形位公差的"属性"对话框

3.标注形位公差基准

单击图标 $\boxed{A}$,确定待标注的对象,例如图 7-41 中所示的点 P1,确定形位公差基准框的位置,例如点 P2,在随后弹出的"创建基准特征"对话框中填写形位公差基准的名称"A",单击"确定"按钮,即可完成图 7-41(b)所示的形位公差基准的标注了。

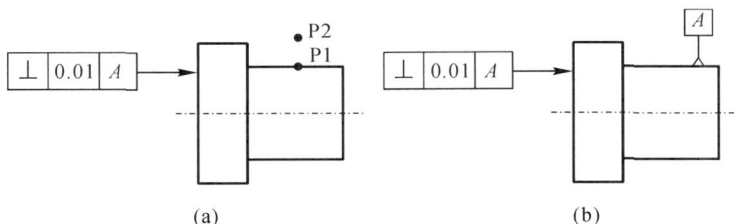

图 7-41　标注形位公差基准

4.修改形位公差基准

(1)双击已标注的形位公差基准,弹出"修改基准特征"的对话框,通过该对话框可以修改形位公差基准的名称。

(2)用鼠标拖曳的方法可以改变形位公差基准的位置。

(3)右击已标注的形位公差基准,在弹出的快捷菜单中选择"属性"命令,弹出形位公差基准的"属性"对话框,通过该对话框修改形位公差的属性。

(四)文字注解

在工程图中,除了尺寸标注外,还应有相应的文字说明,即技术说明,如工件的热处理要求、表面处理要求等。因此,在创建完视图的尺寸标注后,还需要创建相应的注释、标注。与文本操作相关的菜单和工具栏如图 7-42 所示。

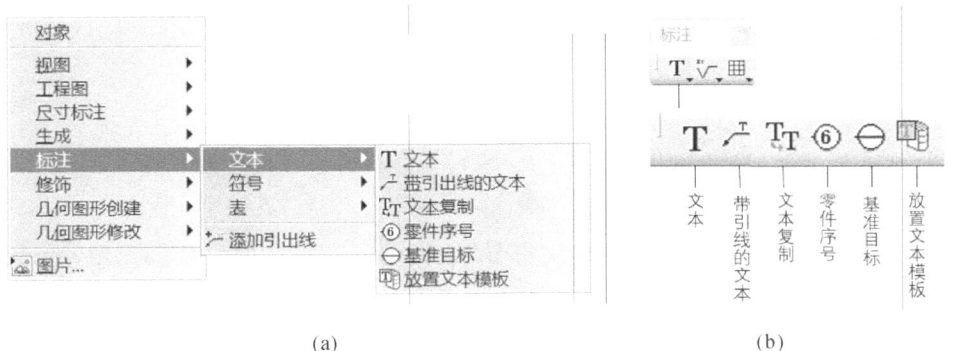

图 7-42　与文本操作相关的菜单和工具栏

(a)菜单;(b)工具栏

1.书写文本

单击图标 $\mathbf{T}$,指定文本的定位点,随后弹出图 7-43 所示的"文本编辑器"窗口,在文本框内输入文本,单击"确定"按钮,得到图 7－44 所示的处于被选状态的文本。单击方框之外的任意一点,文本输入完毕。

图 7－43 "文本编辑器"窗口

图 7－44 处于被选取状态的文本

2."文本属性"工具栏

图 7－45 所示为"文本属性"工具栏,其图标对应的功能依次是确定文本的字体、字高,是否采用粗体,是否采用斜体,是否带上(下)画线,是否带中画线,是否书写上(下)标,多行文本的对齐方式,字符相对于定位点的位置,文本的外框,专业符号。

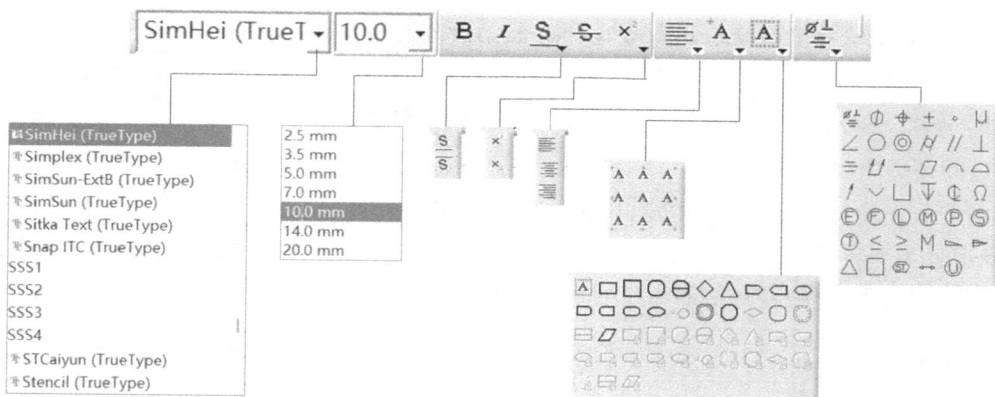

图 7－45 "文本属性"工具栏

(五)注释

单击"标注"工具栏中的"表面粗糙度符号"按钮 右下方的黑色倒三角,展开图 7－46 所示的"符号"工具栏。

图 7－46 "符号"工具栏

1.标注表面粗糙度

(1)单击"符号"工具栏中的"表面粗糙度符号"按钮。

(2)在绘画区中单击,创建表面粗糙度定位点,系统弹出图7-47所示的"粗糙度符号"对话框。

(3)单击"上限""下限""加工裕度""加工方式""基准长度"和"加工纹理方向"文本框,从左上方的列表框中选择表面粗糙度表述方式,在其中输入所需数值。

(4)单击右上方的"反转"按钮，调整表面粗糙度符号的方向。

(5)单击"表面粗糙度类型"按钮右下方的黑色倒三角,从展开的工具按钮中选择所需要的表面粗糙度类型。

(6)单击"曲面纹理/所有周围曲面"按钮右下方的黑色倒三角,从展开的工具按钮中选择曲面纹理类型。

(7)单击"层的方向"按钮右下方的黑色倒三角,从展开的工具按钮中选择所需的层的方向。

(8)单击"确定"按钮,完成表面粗糙度符号的创建,效果如图7-48所示。

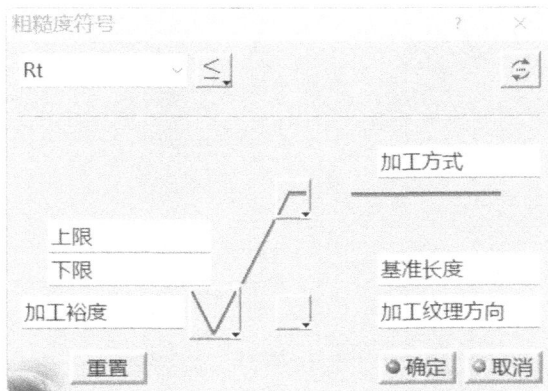

图7-47　"粗糙度符号"对话框　　　图7-48　创建的表面粗糙度

2.标注焊接符号

(1)单击"符号"工具栏中的"焊接符号"按钮。

(2)在绘图区中选择第一元素或者指定引出线定位点。

(3)在绘图区中选择第二元素。

(4)移动光标到合适位置,单击指定焊机定位点,系统弹出图7-49所示的创建焊接对话框。

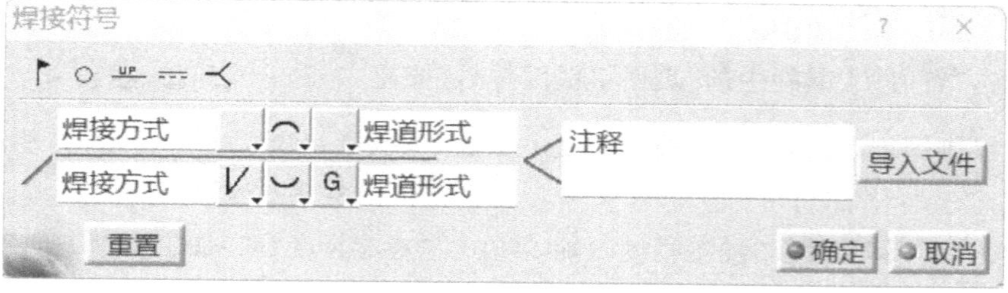

图 7-49　创建焊接对话框

(5)在对话框中选择补充指示符:现场焊接 、全周焊  、塞焊或凸焊  、下面焊缝不可见  、焊尾  。

(6)在"焊接方式"文本框中输入焊缝参数,单击其后按钮右下方的黑色倒三角,选择所添加的焊接符号、补充符号、精加工符号,如图 7-50 所示,在其后的文本框中输入焊道形式。

(7)在"注释"文本框中输入焊接符号的注释内容,或者单击其后的"导入文件"按钮,选择注释文件。

(8)单击"确定"按钮,完成焊接符号的创建。

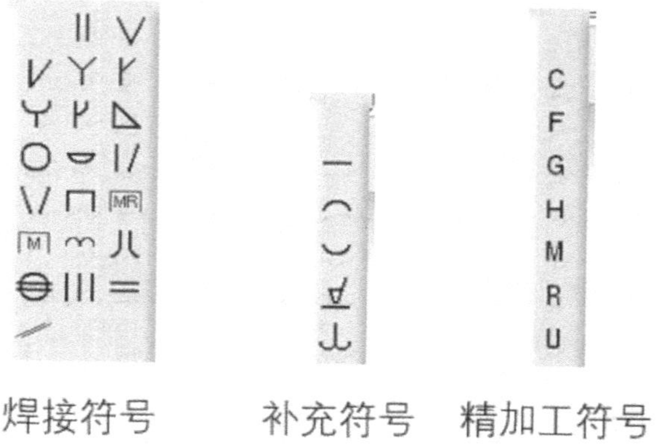

焊接符号　　补充符号　精加工符号

图 7-50　符号

3.标注焊接

(1)单击"符号"工具栏中的"焊接"按钮  。

(2)从绘图区中选择第一条边线。

(3)从绘图区中选择第二条边线,系统弹出图 7-51 所示的"焊接编辑器"对话框。

(4)在"几何焊接"选项组"厚度"微调框中输入焊缝厚度,单击其后按钮右下方的黑色倒三角,从展开的按钮中选择所需要的焊缝截面形状。

(5)单击"确定"按钮,完成焊接的创建。

图 7 - 51　"焊接编辑器"对话框

第三节　生成装饰特征

修饰图形是指在已有视图的基础上添加圆孔(轴)的中心线、螺纹大径、轴线、箭头和填充图案。与修饰图形有关的菜单和工具栏如图 7 - 52 所示。

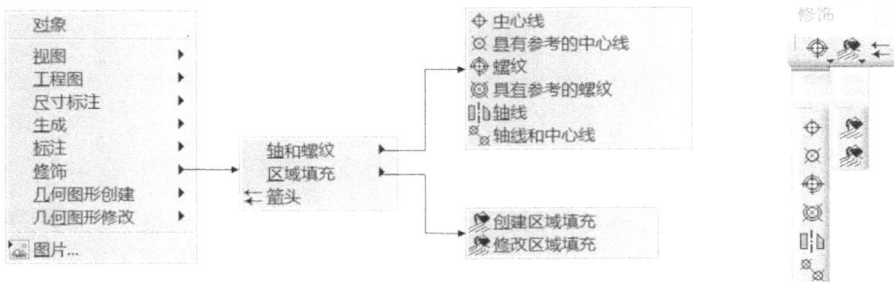

图 7 - 52　与修饰图形有关的菜单和工具栏

(一)生成中心线

(1)生成圆的中心线。

点击"插入"→"修饰"→"轴和螺纹"→"中心线"菜单命令或单击 ⊕ ,选取一个圆、圆弧或椭圆,即可为其添加中心线了。

(2)添加圆或圆弧相对于基准对象的中心线。

点击"插入"→"修饰"→"轴和螺纹"→"具有参考的中心线"菜单命令或单击 ⊕ ,选取圆或圆弧,再选取基准对象,即可添加一个圆或圆弧相对于基准对象的中心线了。

(3)添加螺纹的中心线。

点击"插入"→"修饰"→"轴和螺纹"→"螺纹"菜单命令或单击 ⊕ ,在图 7 - 53(a)所示的"工具控制板"上出现两个选项;单击 ⊕ ,选择图 7 - 53(b)所示的圆,添加内螺纹的大径线和中心线,如图 7 - 53(c)所示;单击 ,添加外螺纹的小径线和中心线,如图 7 - 53(d)所示。

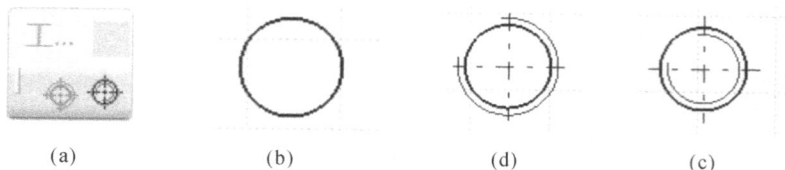

图 7 - 53　添加螺纹的大(小)径和中心线

(4)添加轴线。

点击"插入"→"修饰"→"轴和螺纹"→"轴线"菜单命令或单击 :若选取的两个对象是圆或圆弧,则添加一条通过二者中心的轴线;若选取的对象一个是圆或圆弧,另一个是直线,则添加一条过圆或圆弧的中心且垂直于直线的轴线;若选取的两个对象都是直线,则添加二者的一条对称轴线。

(二)创建填充剖面线

点击"插入"→"修饰"→"区域填充"→"创建区域填充"菜单命令或单击图标,弹出图 7 - 54 所示的"工具控制板"。该控制板为区域填充提供了不同的实现方式。

(1)自动检测方式。

图 7 - 54　"工具控制板"

激活图标 ,随机指定需要剖面线处理的区域内的一点,得到填充结果。再指定与其相邻的区域内的一点,可以得到正确的填充结果。从这两次操作可以看出,填充域是自动检测到的。如果找不到封闭的轮廓,就会出现对话框提示"找不到任何封闭轮廓,无法创建任何区域填充"。

(2)轮廓选择方式。

激活图标 ,对要修改的区域逐个点击,再随机指定区域内的一点,就会得到正确的填充结果了。填充区域是根据所选的图线和指定的点确定的,但是填充区域的边界并不等于所选的图线,如一些边界对象,轮廓没有封闭,也会出现这个警告信息。出现这个警告时可以选择"是",重新指定点,或者继续选择边界对象。

(三)标注箭头

点击"插入"→"修饰"→"箭头"菜单命令或单击 ,指定箭头的末点 P1,再指定箭头的起点 P2,即可得到图 7 - 55 所示的箭头。

图 7 - 55　添加箭头

第四节 打印工程图

打印出图是 CAD 工程设计中必不可少的环节。在 CATIA 软件中的工程图(Drawing)工作台中,点击下拉菜单中的"文件"→"打印"命令,就可进行打印出图操作。下面举例说明工程图打印的一般步骤。

(1)点击下拉菜单中的"文件"→"打印"命令,系统弹出图 7 - 56 所示的"打印"对话框。

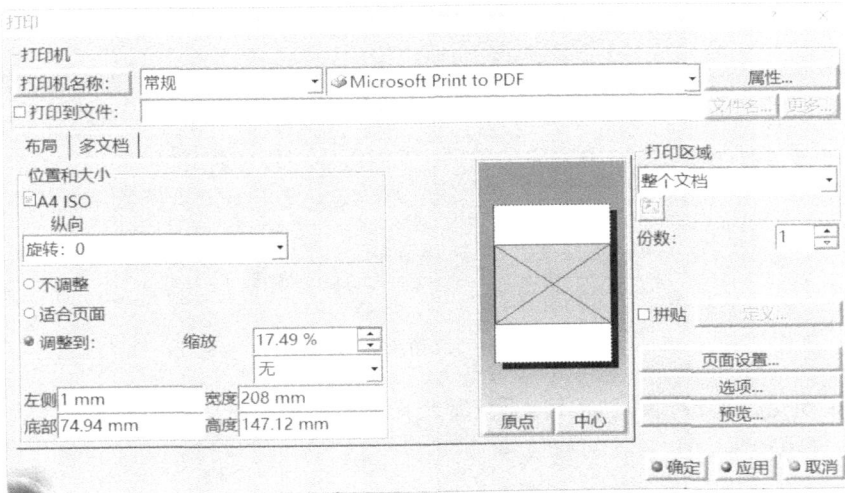

图 7 - 56 "打印"对话框

(2)选择打印机。单击"打印"对话框中的"打印机名称"按钮,弹出图 7 - 57 所示的"打印机选择"对话框。在该对话框的打印机列表区域中选择打印机,单击"确定"按钮,回到"打印"对话框。

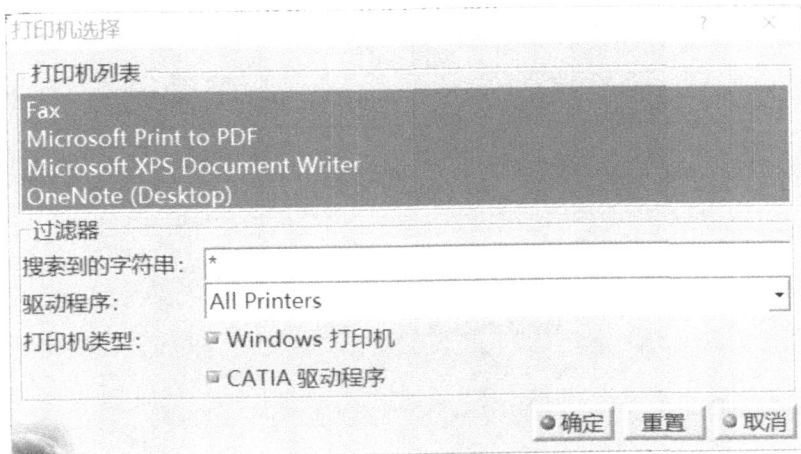

图 7 - 57 "打印机选择"对话框

（3）定义打印选项。在"布局"选项卡中的"纵向"下拉列表中选择"旋转：90°"；在"布局"选项卡中选中"适合页面"单选项；选择打印区域下拉列表中的"整个文档"；在"份数"文本框中输入要打印的份数"1"。

（4）定义页面设置。单击"打印"对话框中的"页面设置"按钮，系统弹出图 7 - 58 所示的"页面设置"对话框；选择表单名下拉列表中的 A4 ISO，其他参数采用默认设置，单击"确定"按钮，系统回到"打印"对话框。

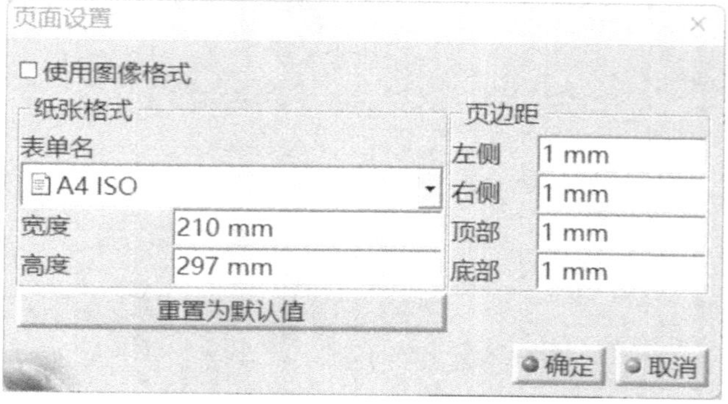

图 7 - 58　"页面设置"对话框

（5）打印预览。单击"预览"按钮，系统弹出图 7 - 59 所示的"打印预览"对话框，可以预览工程图的打印效果。

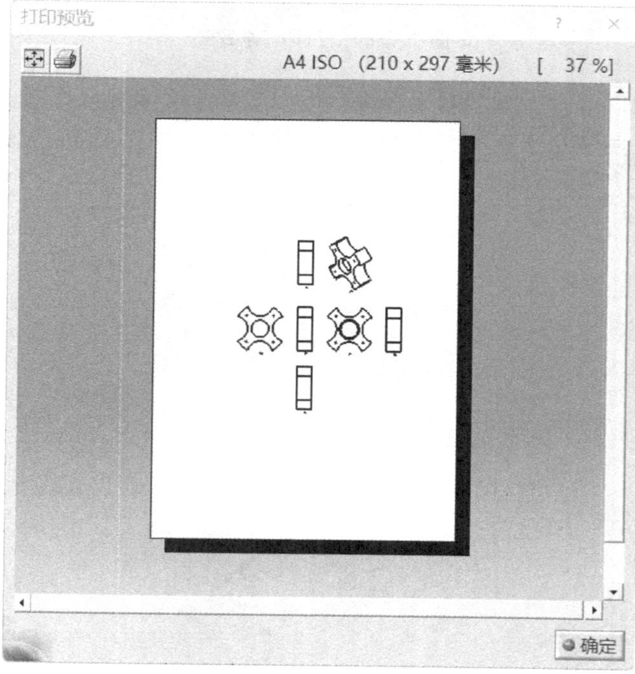

图 7 - 59　"打印预览"对话框

（6）单击"打印预览"对话框中的"确定"按钮完成预览。

（7）单击"打印"对话框中的"确定"按钮，即可打印工程图。

第五节　练习与提高

根据完成的第五章第五节"练习与提高"的三维建模，建立相关工程图。

第八章　飞行器典型部件装配仿真

第一节　概　　述

本章以某飞机机翼前梁装配过程为对象，讲述 DELMIA V5 的主要功能、操作过程和装配模块（DELMIA DPM ENVISION Assembly）。通过本章的学习，读者可以对机翼前梁装配序列规划、装配干涉以及装配路径规划进行分析，并掌握 DELMIA 装配仿真的一般过程和操作步骤。

第二节　DELMIA V5 用户操作界面与工作环境设置

（一）DELMIA V5 用户操作界面

DELMIA V5 用户操作界面主要包括标题栏、菜单栏、工具栏、指南针、PPR 模型树、命令提示栏和工作区等，如图 8－1 所示。

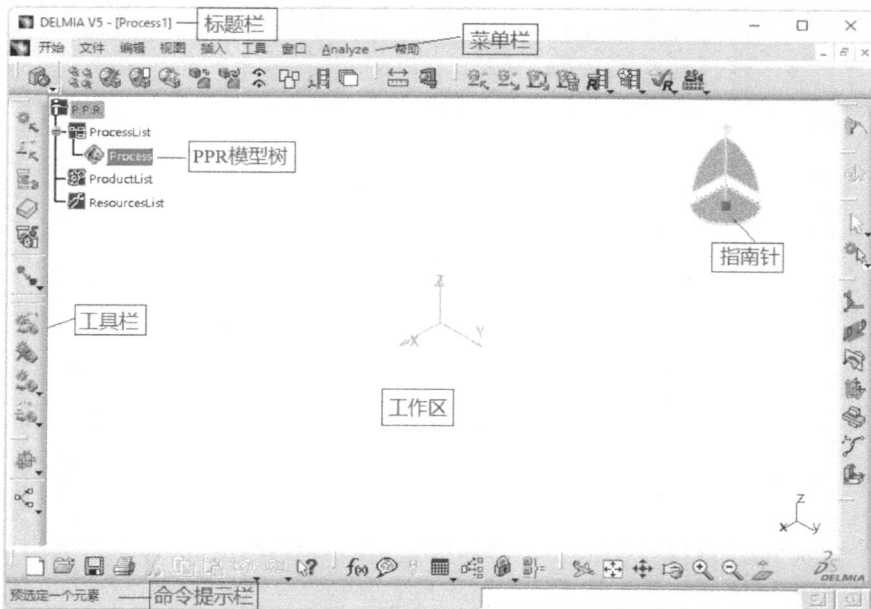

图 8－1　DELMIA V5 用户操作界面

1. 菜单栏

打开 DELMIA V5 用户操作界面,其最上方为菜单栏。系统命令按照性质分类,放置在不同的菜单中,如图 8-2 所示。

开始 文件 编辑 视图 插入 工具 窗口 Analyze 帮助

图 8-2 DELMIA V5 菜单栏

(1)开始(Start)菜单。

开始菜单如图 8-3 所示,其中包括基础结构(Infrastructure)、机械设计(Mechanical Design)、形状(Shape)、分析与模拟(Analysis & Simulation)等模块,每个模块中包括相应的若干命令。

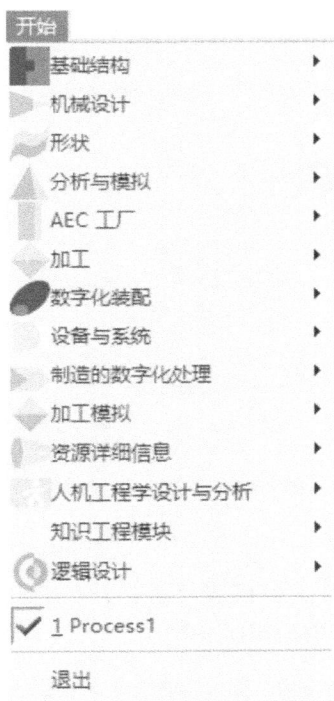

图 8-3 开始菜单

1)基础结构(Infrastructure)模块。

基础结构子菜单包括产品结构(Product Structure)、材料库、目录编辑器 (Catalog Editor)、DELMIA D5 集成(DELMIA D5 Integration)、融入性系统助手(Immersive System Assistant)、实时渲染(Real Time Rendering)和特征词典编辑器(Feature Dictionary Editor)等,如图 8-4 所示。

2)机械设计(Mechanical Design) 模块。

机械设计子菜单提供了机械设计中所需要的绝大多数模块,包括零件设计 (Part

Design)、装配设计（Assembly Design）、草图编辑器（Sketcher）、产品功能公差和注释（Product Functional Tolerancing & Annotation）、线框和曲面设计（Wireframe and Surface Design）等，如图 8-5 所示。

图 8-4　基础结构子菜单

图 8-5　机械设计子菜单

3）形状（Shape）模块。

形状子菜单（见图 8-6）提供了创成式外形设计（Generative Shape Design）功能，该模块能够让用户方便地构建、控制和修改工程图形。

图 8-6　形状子菜单

4）分析与模拟（Analysis & Simulation）模块。

分析与模拟子菜单可以快速地对零件和装配件进行工程分析，可方便地利用分析规则和分析结果优化产品。分析与模拟子菜单如图 8-7 所示。

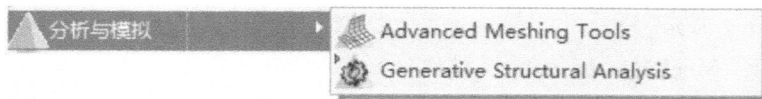

图 8-7　分析与模拟子菜单

5）AEC 工厂（AEC plant）模块。

AEC 工厂子菜单提供了厂房布局设计（Plant Layout）功能，如图 8-8 所示。该模块可以优化产品设备布置，从而达到优化生产过程和产品的目的。其主要处理空间利用和厂房内物品的布置问题，可快速完成厂房布置和后续工作。

图 8-8　AEC 工厂子菜单

6）加工（Machining）模块。

加工子菜单包括车床加工（Lathe Machining）、棱柱加工（Prismatic Machining）、表面加工（Surface Machining）和数控加工（NC Manufacturing Review），如图 8-9 所示。该模块提供高效的编程能力及变更管理能力，相对于其他现有的加工方案，其优点表现在高效的零件加工编程能力、高度的自动化和标准化、高效的变更管理、能优化刀具路径并缩短加工时间等方面。

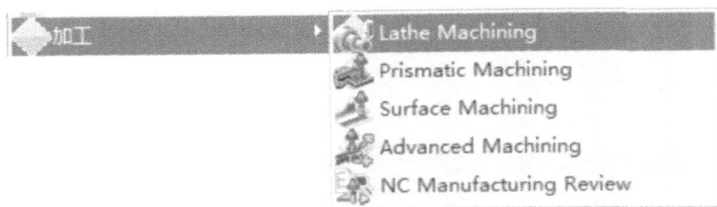

图 8-9　加工子菜单

7）数字化装配（Digital Mockup）模块。

数字化装配模块包括数字样机漫游器（DMU Navigator）、数字样机空间分析（DMU Space Analysis）、数字样机配件（DMU Fitting）、数字样机 2D 查看器（DMU 2D Viewer）、数字样机紧固审查（DMU Fastening Review）、数字样机综合审查（DMU Composites Review）、数字样机优化器（DMU Optimizer）和数字样机公差审查（DMU Tolerancing Review）。数字样机子菜单如图 8-10 所示。该模块提供机构的空间模拟、机构运动、机构优化等功能。

图 8-10　数字样机子菜单

8）设备与系统（Equipment & System）模块。

设备与系统模块包括电气线束规则（Electrical Harness Discipline）和多专业（Multi-Discipline），其子菜单如图 8-11 所示。设备与系统模块可用于在 3D 数字样机配置中模拟复杂电气、液压传动和机械系统间的协同设计，以及集成、优化空间布局等。

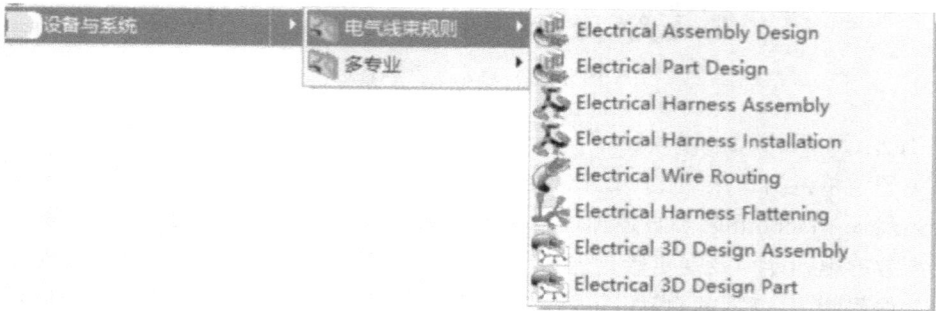

图 8-11　设备与系统子菜单

9）制造的数字化处理（Digital Process for Manufacturing）模块。

制造的数字化处理模块包括结构制造准备（Structure Manufacturing Preparation）、装配工艺规划（DPM-Assembly Process Planner）、制造系统定义（MSD-Manufacturing System Definition）、加工公差和注释（Process Tolerancing & Annotation）等子菜单，如图 8-12 所示。该模块提供了在三维空间中对产品特性、公差和装配进行标注等一系列功能。

图 8-12　制造的数字化处理子菜单

10)加工模拟(Machining Simulation)模块。

加工模拟模块包括数控机床仿真(NC Machine Tool Simulation)和数控机床制造(NC Machine Tool Builder)两个子模块,其子菜单如图 8－13 所示。

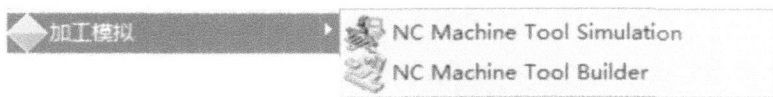

图 8－13　加工模拟子菜单

11) 资源详细信息(Resource Detailing)模块。

资源详细信息模块包括电弧焊(Arc Welding)、机器人离线编程(Robot Offline Programming)、工作单元排序(Workcell Sequencing)、资源分配(Resource Layout)、设备任务定义(Device Task Definition)、生产系统分析(Production System Analysis)和设备制造(Device Building)子模块,其子菜单如图 8－14 所示。

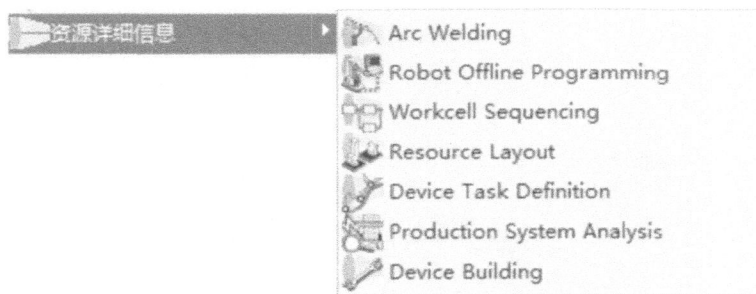

图 8－14　资源详细信息子菜单

12)人机工程学设计与分析(Ergonomics Design & Analysis)模块。

人机工程学设计与分析模块包括人体模型任务仿真(Human Task Simulation)、人体模型活动分析(Human Activity Analysis)、人体建模(Human Builder)和人体模型姿态分析(Human Posture Analysis) 等子模块,其子菜单如图 8－15 所示。

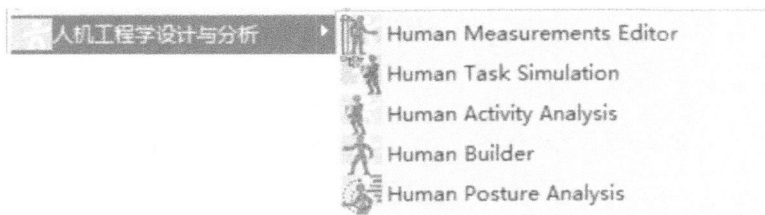

图 8－15　人机工程学设计与分析子菜单

13）知识工程 (Knowledgeware)模块。

知识工程模块包括知识工程专家(Knowledge Expert)和产品信息模板（Product

Knowledge Template)两个部分,其子菜单如图 8-16 所示。

（2）文件(File)菜单。

DELMIA V5 的文件菜单主要包括新建 …（New）、新建自 …（New from）、打开 …（Open）、关闭(Close)和保存(Save)等常规操作命令,如图 8-17 所示。

图 8-16 知识工程模块子菜单

（3）编辑(Edit)菜单。

DELMIA V5 编辑菜单主要包括撤销(Undo)、重复(Repeat)、剪切(Cut)、复制(Copy)及搜索(Search)等基本操作命令,还包括选择集(Selections)、链接 （Links）和属性(Properties)等命令,如图 8-18 所示。

图 8-17 文件菜单　　　　**图 8-18 编辑菜单**

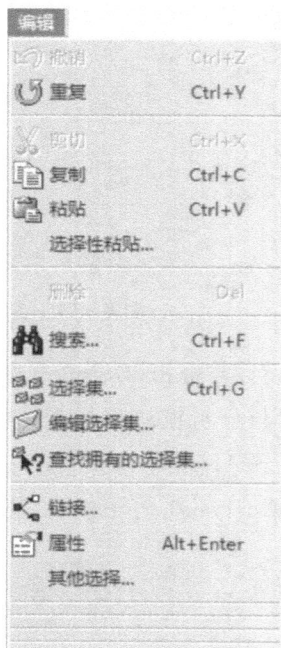

（4）视图(View)菜单。

视图菜单用于设置当前窗口显示的内容,主要包括工具栏 （Toolbars）、指南针（Compass）、几何概述（Geometry）、缩放（Zoom in out）、平移 （Pan）、渲染样式 （Render Style）、照明 …（Lighting）和树展开 （Expansion）子菜单等,如图 8-19 所示。

（5）插入(Insert)菜单。

插入菜单可用于在工作区插入标注、约束、坐标系集合体以及对集合体的修饰等。不同模块下的插入菜单有所不同,图 8-20 所示为装配设计块的插入菜单。

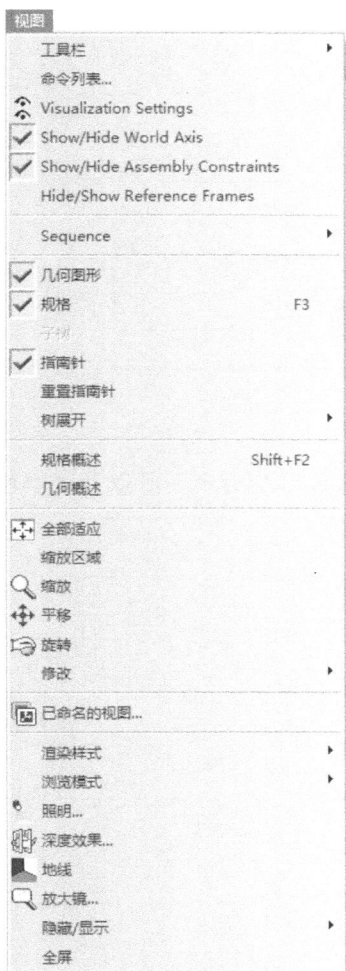

图 8-19 视图菜单 图 8-20 插入菜单 图 8-21 工具菜单

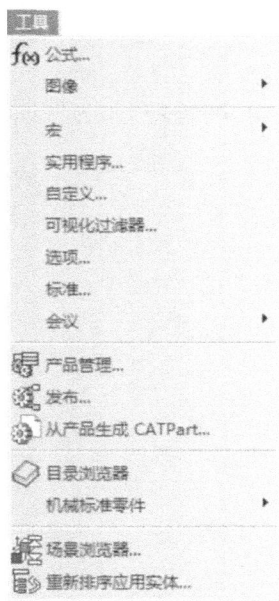

(6)工具(Tools)菜单。

工具菜单常用命令包括公式...(Formula)命令、图像(Image)命令、自定义...(Customize)命令和选项...(Options)命令,如图8-21所示。其分别用于:编辑设计中需要的公式;捕捉模型的创建过程,用来制作图片或视频文件;定制 DELMIA 的工作环境,包括开始菜单、用户工作台和工具栏等;设置 DELMIA 的系统参数。

(7)窗口(Window)菜单。

窗口菜单如图 8-22 所示。该菜单可用于打开多个文件,包括新窗口(New Window)、水平平铺(Tile Horizontally)、垂直平铺(Tile Vertically)、层叠(Cascade)命令,以及实现DELMIA V5 不同窗口之间的切换。

（8）分析（Analyze）菜单。

图 8-23 所示为分析菜单，其主要包含仿真（Simulation）、仿真分析工具（Simulation Analysis Tools）、间距测量（Measure Between）、测量物体（Measure Item）命令。

（9）帮助（Help）菜单。

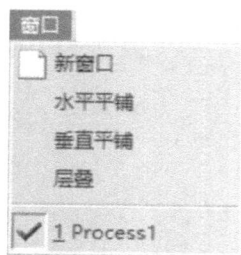

图 8-22 窗口菜单

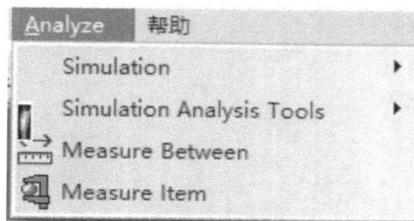

图 8-23 分析菜单

图 8-24 所示为帮助菜单，该菜单用于访问相关帮助、CATIA 用户手册以及了解软件信息等。

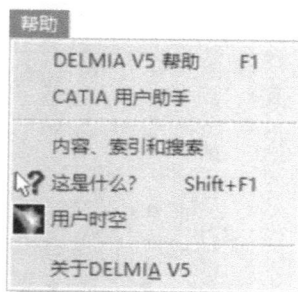

图 8-24 帮助菜单

2. 工具栏

默认状态下，DELMIA V5 的工具栏位于工作台四周，也可以根据用户需要，用鼠标将工具栏拖曳出来，使其悬浮于工作台内的相应位置。每组工具栏由若干快捷按钮组成。图 8-25 所示为分析工具栏。

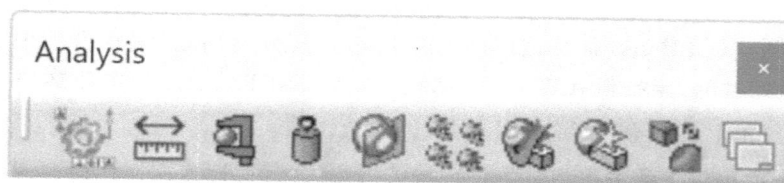

图 8-25 分析工具栏

在不同的设计模块下，相应的工具栏有所不同，对应按钮的作用也不同。用户可以直接单击工具栏上的按钮,激活该命令,从而执行相应的功能。当光标指向某个按钮时,会弹出标签显示该按钮的名称。例如当光标指向仿真工具栏中的工艺仿真按钮时,弹出标签显示该按钮的名称"工艺仿真"(Process Simulation),如图 8 - 26 所示。

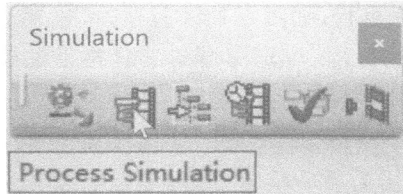

图 8 - 26　按钮名称显示

3. PPR 模型树

图 8 - 27 所示为 DELMIA V5 的 PPR 模型树。在 PPR 模型树上列出了所有产品的创建步骤顺序和关系。在模型树上选中某个产品,则工作平面上的对应产品高亮显示,双击该产品名称可以对其进行修改。

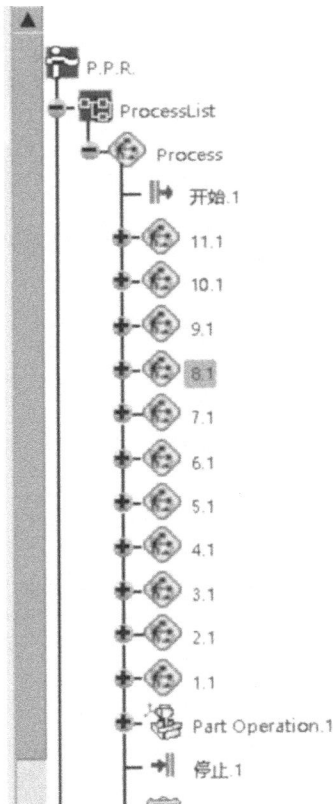

图 8 - 27　PPR 模型树

4. 命令提示栏

DELMIA V5 的命令提示栏位于工作界面下方,当光标指向某个命令时,该区域即显示相应的描述性文字,说明命令或按钮代表的含义。

命令提示栏的右下方为命令行,如图 8-28 所示,可以输入命令来执行相应的操作(在所有的命令前加上"C:"才能执行)。当光标指向工具栏上的快捷功能按钮时,命令行将自动显示该按钮对应的命令。

图 8-28 命令提示栏

用户还可以通过菜单栏中的"视图"→"命令列表"(Commands List),打开"命令列表"对话框,如图 8-29 所示。单击对话框中的相应命令执行对应的操作。

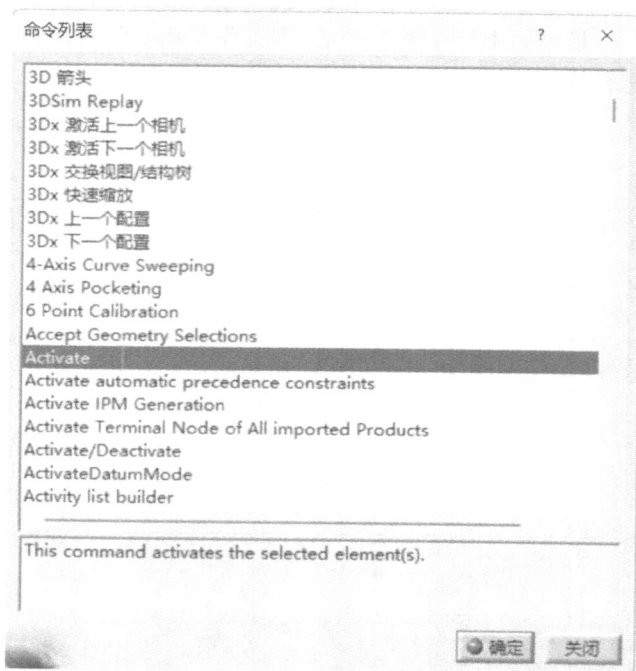

图 8-29 "命令列表"对话框

(二)工作环境设置

1. 常规设置

常规设置是指对公共环境进行设置,包括常规(General)、显示(Display)、兼容性(Compatibility)、参数和测量(Parameters and Measure)以及设备和虚拟现实(Devices and Virtual Reality)5 个选项。

在菜单栏中,点击"工具"(Tools)→"选项"(Options),系统弹出"选项"对话框,如图 8-30 所示。该对话框的左侧为目录结构树,第一项即常规设置,从第二项开始是具体作模块相对应的设置;对话框右侧是左侧结构树的具体设置内容,分为多个选项卡,具体内容设置分置于各个选项卡中。

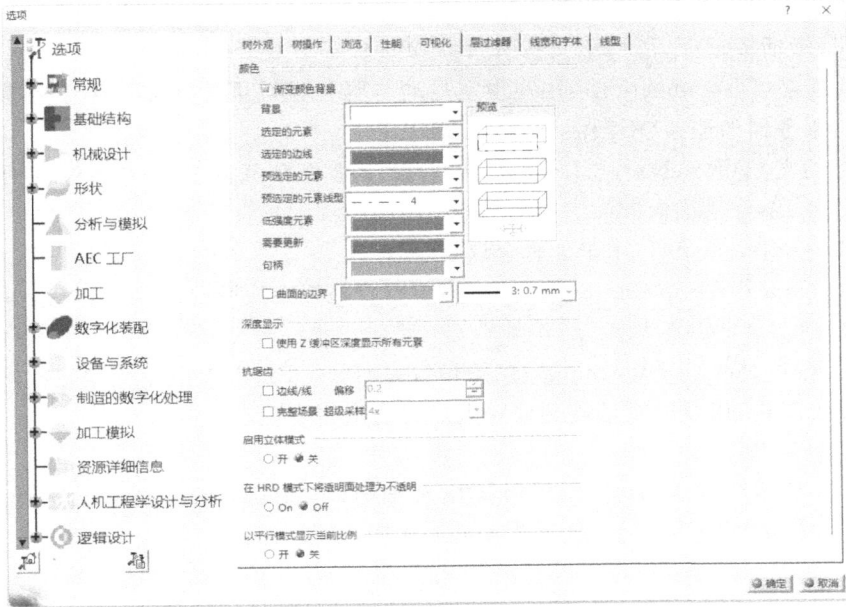

图 8 - 30　"选项"对话框

(1)常规选项。

常规选项包括常规、帮助(Help)、可共享的产品(Sharable Products)、许可证（Licensing)发放和文档(Document)等选项卡。

1)常规选项卡如图 8 - 31 所示。其功能为设置用户界面、数据保存、帮助文件等。

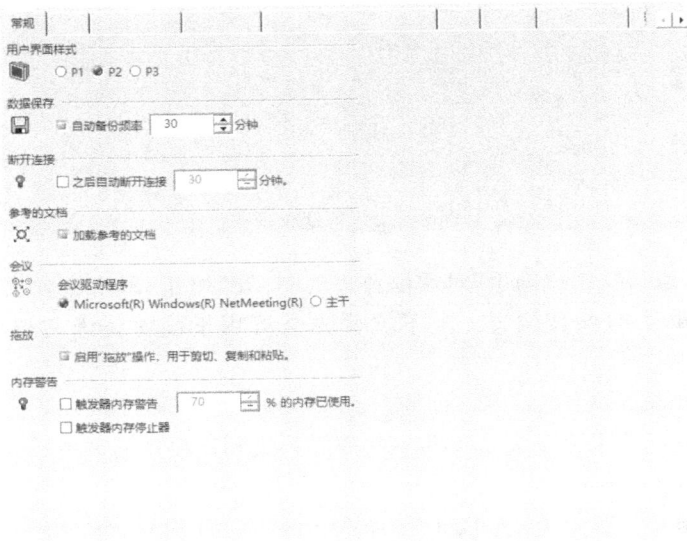

图 8 - 31　常规选项卡

a.用户界面样式（User Interface Style）：P1 为经典用户界面，P2 为基本用户界面，P3 为深度用户界面。3 种类型的界面提供的设计功能依次增强，对硬件的要求也依次增强。

b.数据保存（Data Save）：用于设置数据保存方式，分为无自动备份（不激活该选项）、自动备份频率（激活该选项，可自定义备份频率）2 种保存方式。

c.断开连接（Disconnection）：用户设定自动与服务器断开连接的周期（激活该选项），或始终保持与服务器的连接（不激活该选项）。

d.参考的文档（Referenced Documents）：设置是否在载入复合文档的同时载入引用文档。

e.会议（Conferencing）：用于设置会议驱动程序。

f.拖放（Drag & Drop Conferencing）：用于设置是否在使用剪切、复制、粘贴时启动鼠标拖放功能。

g.内存警告（Memory Warning）：用于设置是否让 DELMIA 应用程序在检测到内存消耗过高时发出警告，以及内存消耗到何种限度时发出警告。

2）帮助选项卡。

图 8-32 所示为帮助选项卡，其包括技术文档（Technical Documentation）、用户助手（User Companion）和上下文优先级（Contextual Priority）。

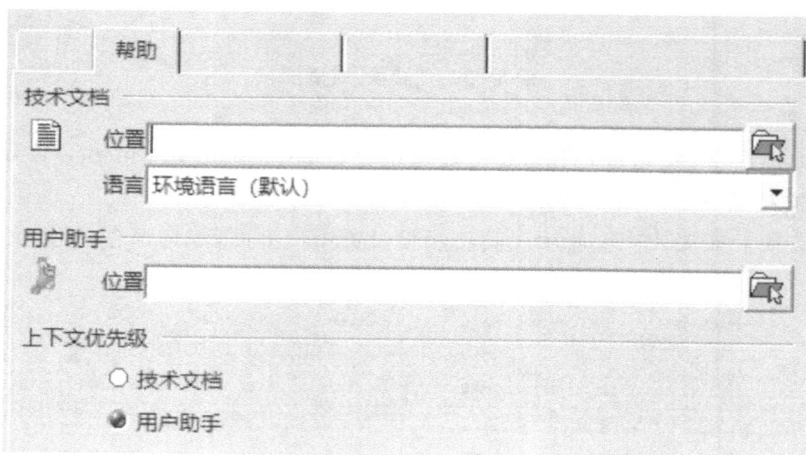

图 8-32　帮助选项卡

单击"技术文档"和"用户助手"对话框旁边的"打开"按钮，即可在弹出的对话框中设置技术文档和用户助手的保存位置。上下文优先级可用于设置技术文档和用户助手的优先级。

3）可共享的产品。

可共享的产品选项卡用于显示可共享的产品列表和授权产品列表。

4）许可证发放。

许可证选项卡用于显示、设置 DELMIA 产品的许可证信息，如图 8-33 所示。用户可以根据需要，在可用的配置或产品列表栏里选择合适的许可证。

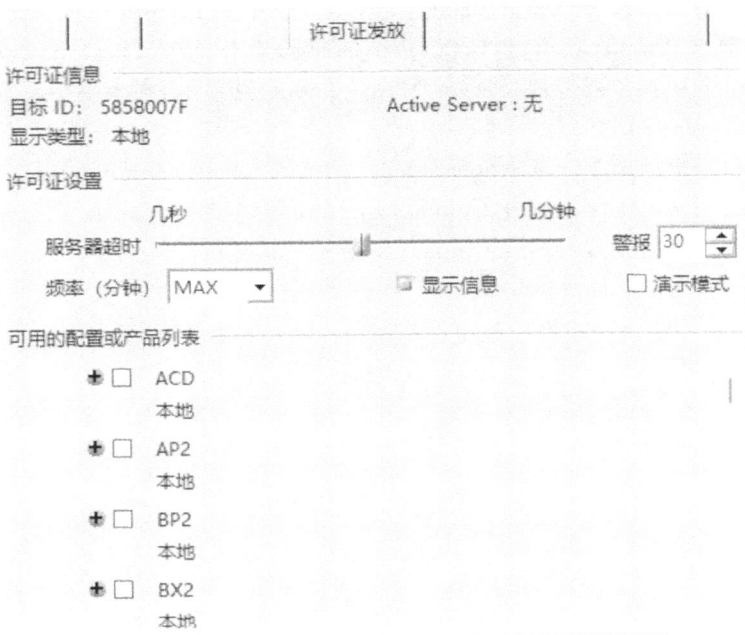

图 8 - 33　许可证选项卡

5)文档。

文档选项卡如图 8 - 34 所示,用于设置 DELMIA 文档的存储环境以及搜索策略。

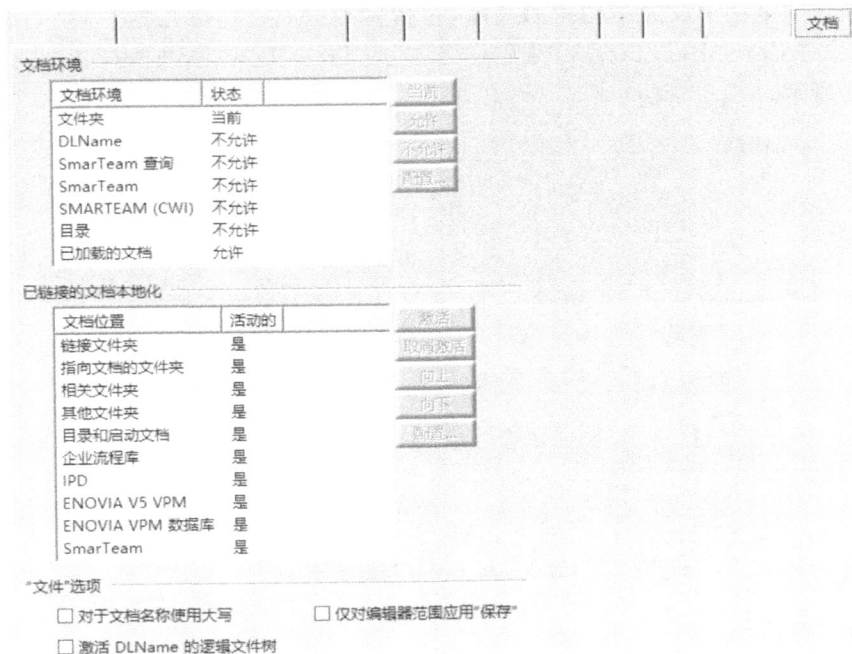

图 8 - 34　文档选项卡

其余选项卡通常采用默认值,例如数字版权管理(Digital Rights Management)选项卡、宏(Macros)选项卡、PCS 选项卡、打印机(Printers)选项卡、搜索(Search)选项卡、统计信息(Statistics)选项卡和服务器管理(Server Management)选项卡,在本书中不详细介绍。

(2)显示(Display)选项。

显示选项包括树外观(Tree Appearance)、树操作(Tree Manipulation)、浏览(Navigation)、性能(Performance)、可视化(Visualization)、层过滤器(Layer Filter)、线宽和字体(Thickness & Font)以及线型(Line type),如图 8-35 所示。

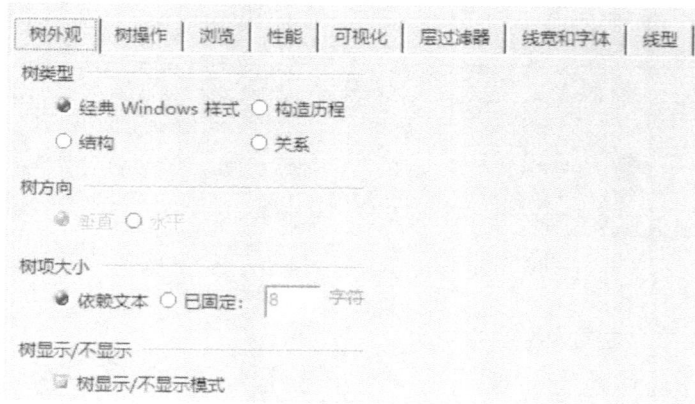

图 8-35　显示选项

1)树外观选项卡。

树外观选项卡用于设置结构树的显示,包括树类(Tree Type)、树方向(Tree Orientation)、树项大小(Tree Item Size)和树显示/不显示(Tree Show/No Show)4 个选项的设置,如图 8-36 所示。

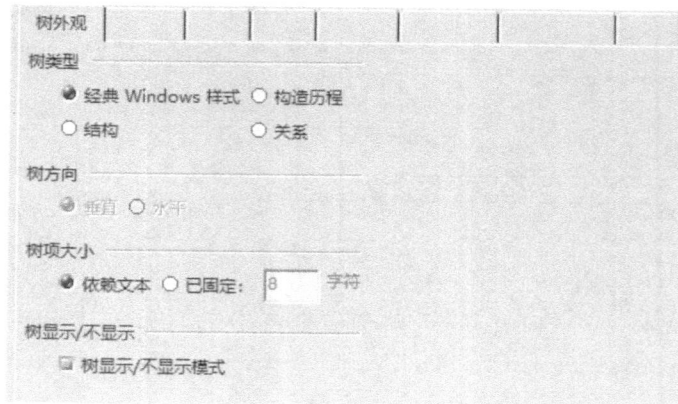

图 8-36　树外观选项卡

2)树操作选项卡。

树操作选项卡主要用于设置结构树的相关操作,包括滚动(Scroll)、自动展开（Automatic Expand)、缩放树(Zoom on Tree)3 个选项的设置,如图 8 - 37 所示。

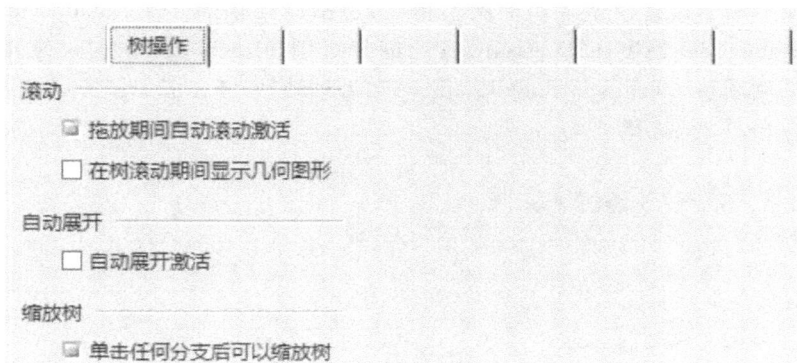

图 8 - 37　树操作选项卡

3)浏览选项卡。

浏览选项卡用于设置造型过程中模型的三维预览方式,包括选择（Selection）、浏览（Navigation）、飞行/步行（Fly/Walk）和鼠标速度（Mouse Speed）等选项的设置,如图8 - 38 所示。

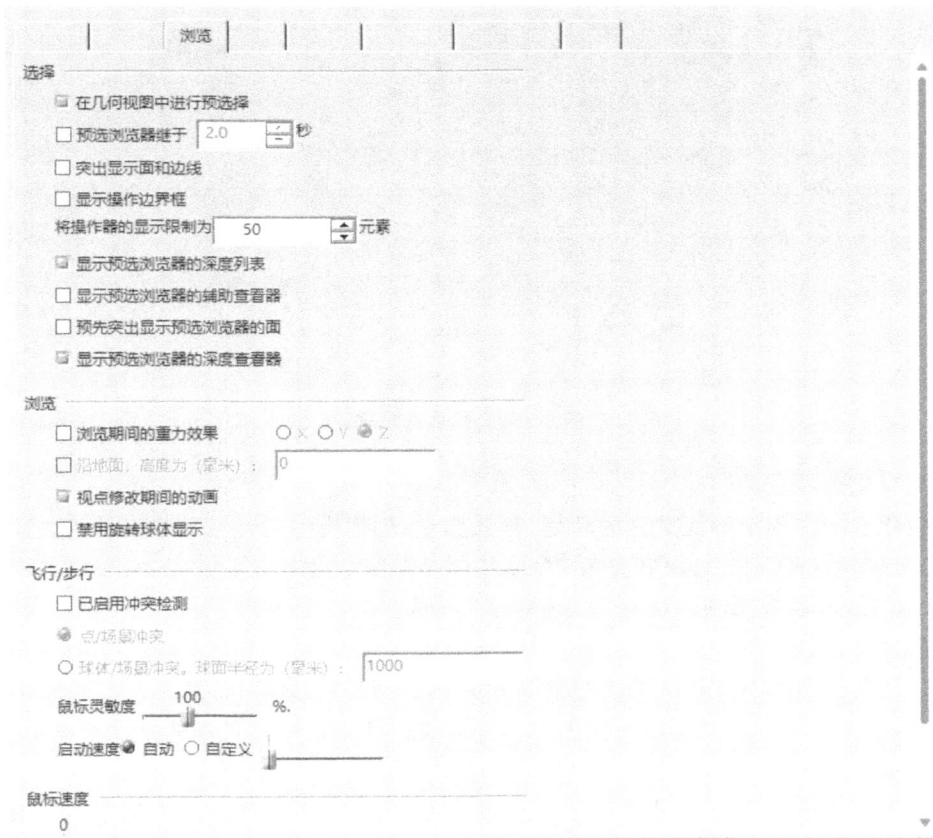

图 8 - 38　浏览选项卡

4）性能选项卡。

性能选项卡用于设置模型显示的图形精度，包括遮挡剔除（Occlusion Culling）、3D 精度（3D Accuracy）、2D 精度（2D Accuracy）、细节级别（Level of detail）、像素剔除（Pixel Culling）、透明度质量（Transparency Quality）和每秒帧数（Frames per Second）等 12 个选项的设置，如图 8-39 所示。

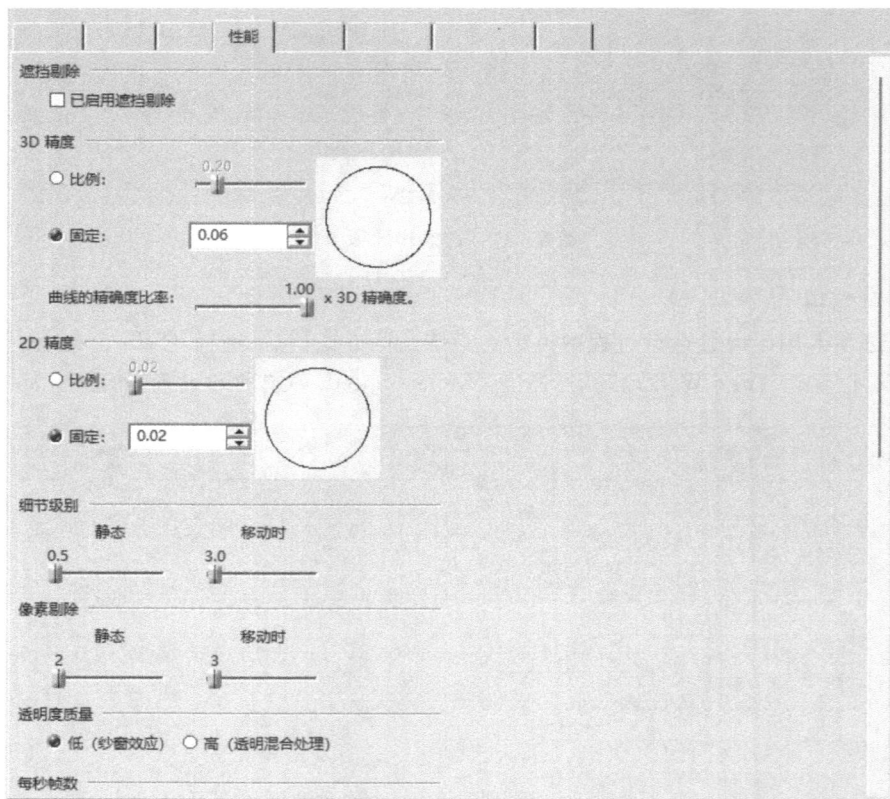

图 8-39 性能选项卡

5）可视化选项卡。

可视化选项卡用于设置软件的环境、背景颜色、创建模型的特征颜色以及相关显示选项的设置，包括颜色（Color）、深度显示（Depth Display）、抗锯齿（Anti-aliasing）、启用立体模式（Stereo Enable）等选项的设置，如图 8-40 所示。

6）层过滤器。

层过滤器包括所有文档的当前过滤器和文档的当前过滤器，如图 8-41 所示。层过滤器选项卡，用于选择使用当前的过滤器显示所有文挡还是使用其自身的过滤器显示文档。

7）线宽和字体选项卡。

线宽和字体选项卡用于设置字体显示的大小及是否使用系统自带的全真字体（True Type Fonts）样式，如图 8-42 所示。

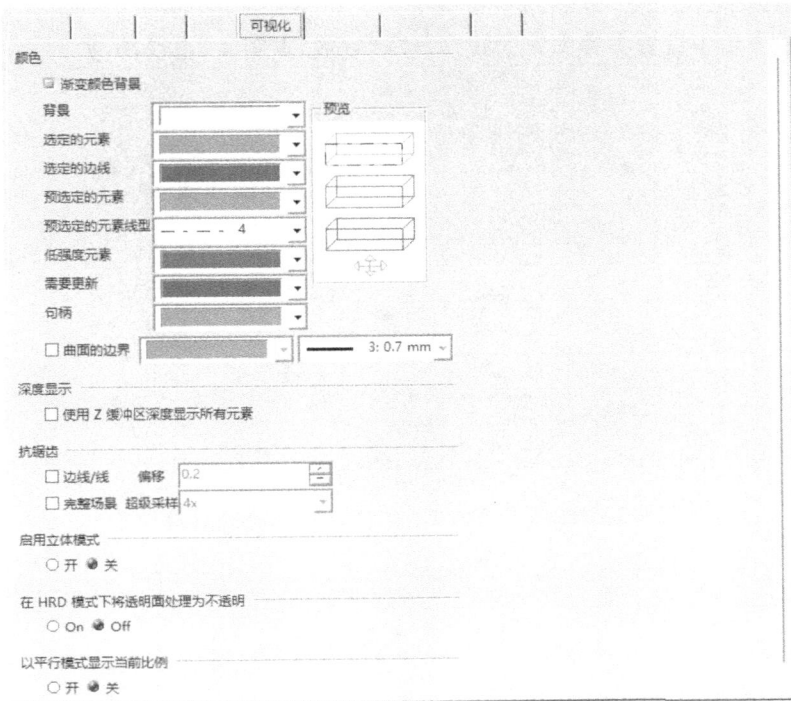

图 8-40　可视化选项卡

图 8-41　层过滤器选项卡

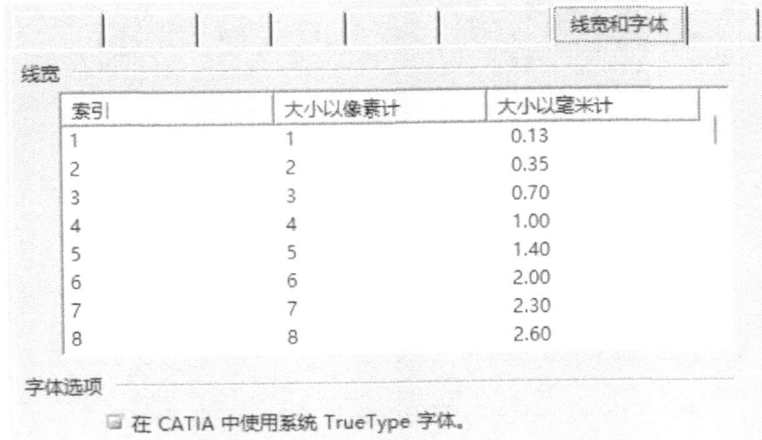

线宽

索引	大小以像素计	大小以毫米计
1	1	0.13
2	2	0.35
3	3	0.70
4	4	1.00
5	5	1.40
6	6	2.00
7	7	2.30
8	8	2.60

字体选项

☑ 在 CATIA 中使用系统 TrueType 字体。

图 8-42　线宽和字体选项卡

8)线型选项卡。

线型选项卡用于设置各种图元的线型,包括直线、点画线、虚线等,如图 8 - 43 所示。

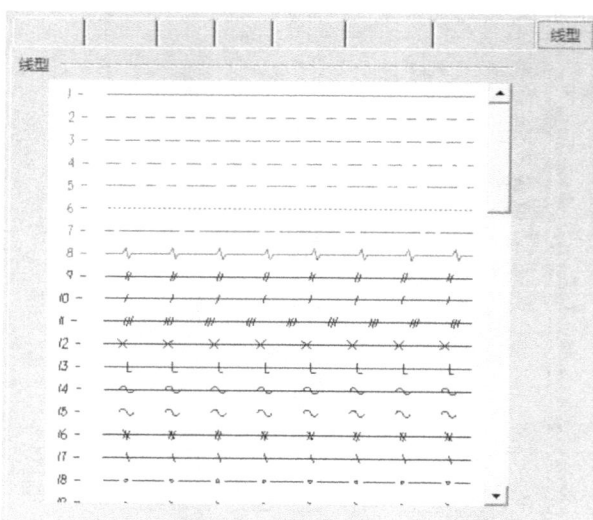

图 8 - 43　线型选项卡

(3)参数和测量(Parameters and Measure)选项。

参数和测量选项包括知识工程（Knowledge）、单位（Unites）、缩放（Scale）、知识工程环境、生成报告、参数公差（Parameters Tolerance）、测量工具（Measure Tools）、约束和尺寸（Constraints and Dimensions）等 8 个选项卡,如图 8 - 44 所示。

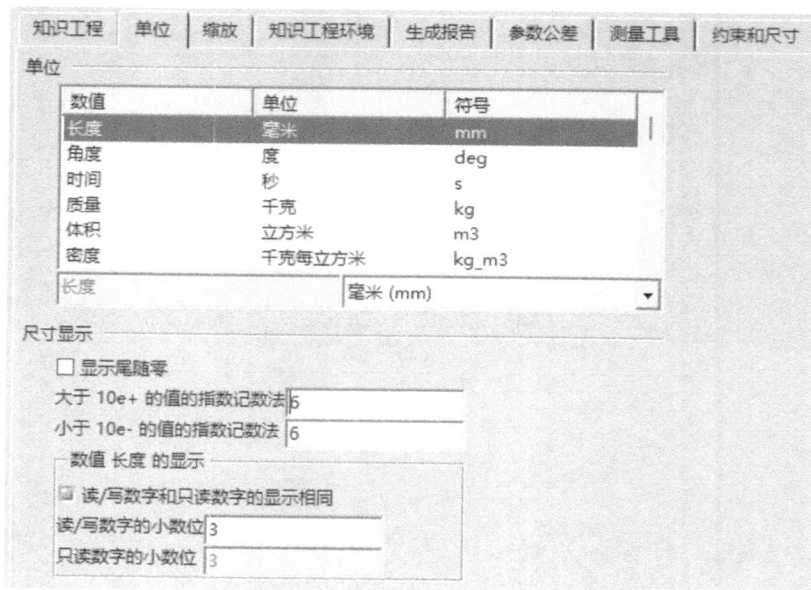

图 8 - 44　参数和测量

1)知识工程。知识工程选项卡用于设置零部件参数的显示和名称,包括参数树型视图(Parameter Tree View)、参数名称(Parameter names)、零件上下文中的关系更新(Relations Update in Part Context)和设计表(Design Tables)4 个选项,如图 8-45 所示。

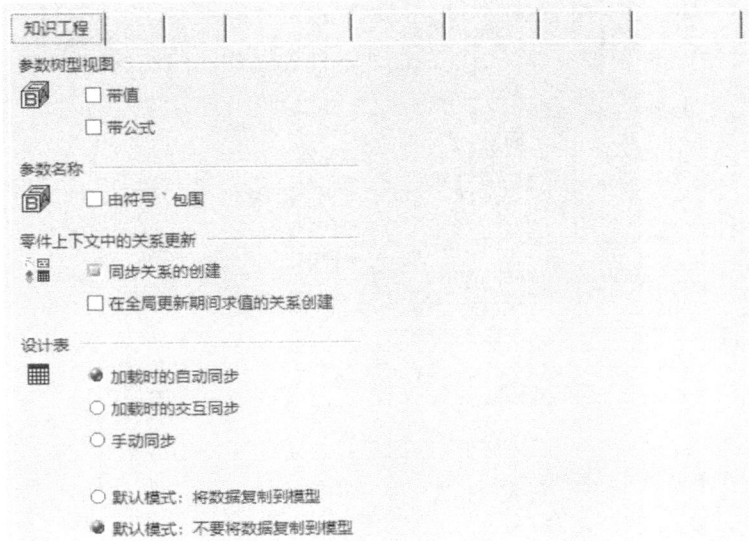

图 8-45　知识工程选项卡

2)单位选项卡可用于设置单位、尺寸显示的精度,如图 8-46 所示。

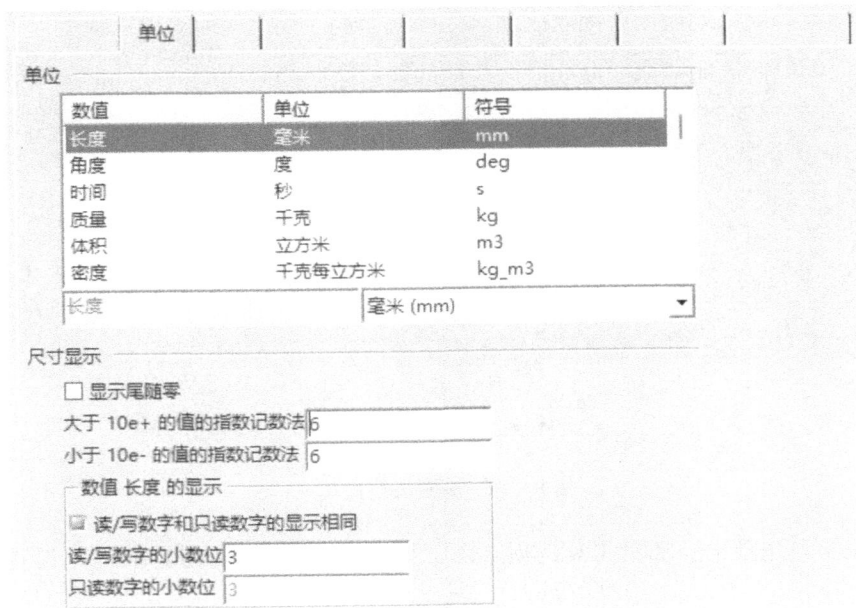

图 8-46　单位选项卡

3）缩放。缩放选项卡用于设置几何图形的缩放比例。缩放选项卡如图 8 - 47 所示。

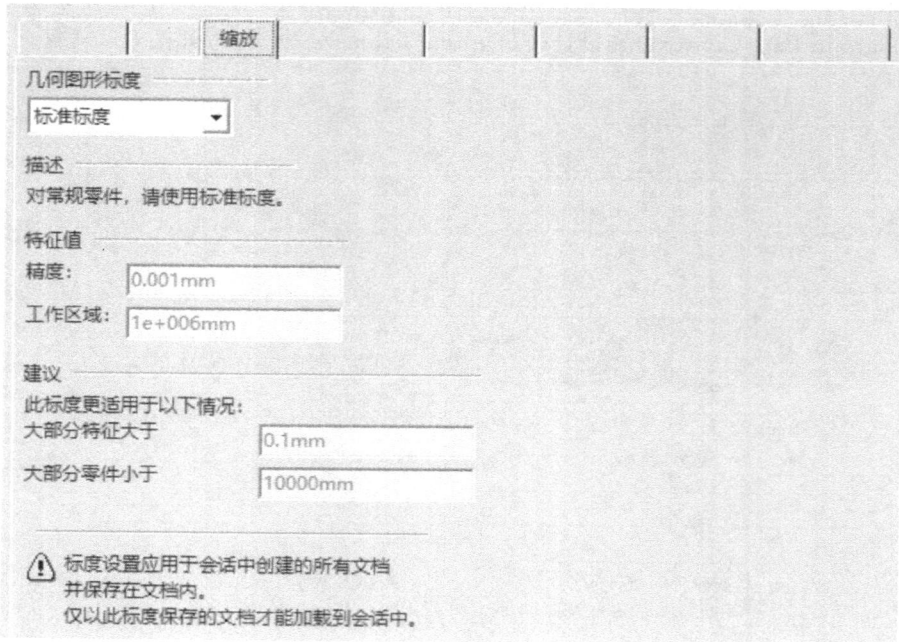

图 8 - 47　缩放选项卡

4）参数公差选项卡。图 8 - 48 所示参数公差选项卡，用于设置长度和角度的最大和最小偏差值。

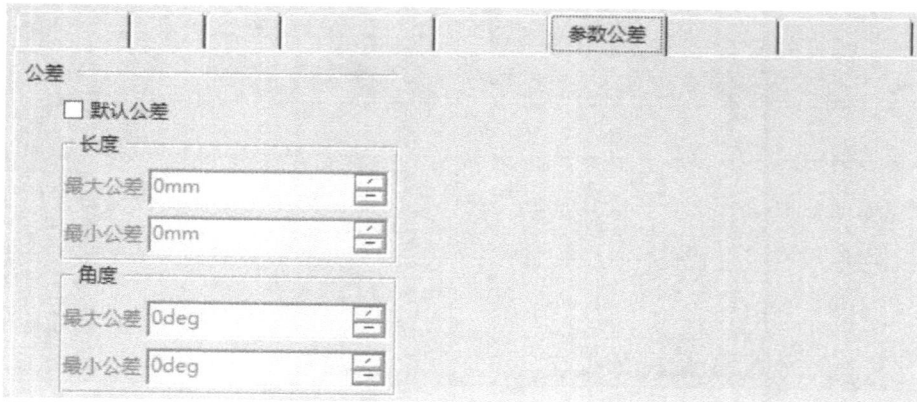

图 8 - 48　参数公差选项卡

5）测量工具选项卡。测量工具选项卡用于更新、图形属性和测量准则的设置，如图 8 - 49 所示。

6）约束和尺寸选项卡。约束和尺寸选项卡用于设置约束样式（Constraint Style）、约束显示（Constraint Display）、尺寸样式（Dimension Style）3 个选项内容，如图 8 - 50 所示。

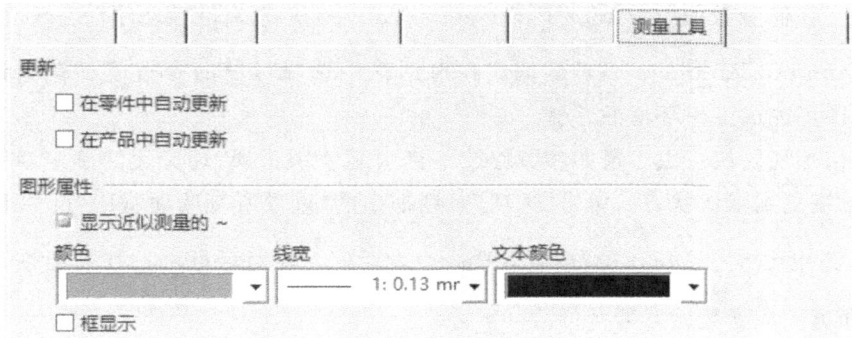

图 8 - 49 测量工具选项卡

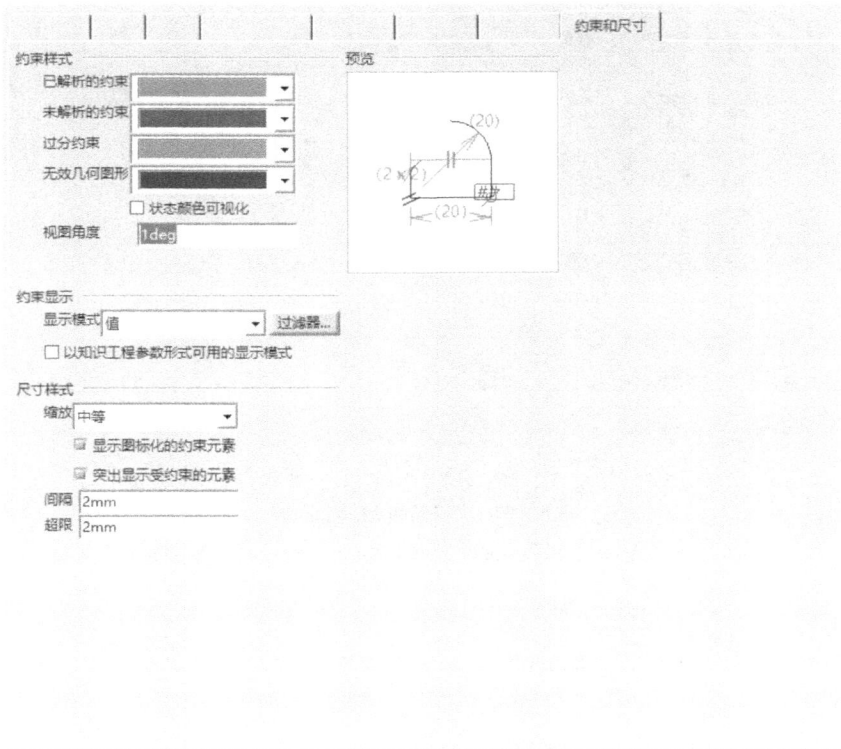

图 8 - 50 约束和尺寸选项卡

用于设置软件的语言环境和知识工程环境的知识工程环境（Knowledge Environment）选项卡，以及用于对报告输出格式进行设置的生成报告（Report Generation）选项卡此处不赘述。

2.工作环境设置的存储和复位

(1)工作环境设置的存储。用户设置好工作环境后，可以保存当前的设置。单击"选项"

对话框中的"转储参数值"(Dumps Parameters Values)按钮 ![icon]，弹出图 8 - 51 所示的"转储参数"(Dump of Parameters)对话框。在对话框中选择存储的参数值和存储路径，单击"是"按钮，即可完成工作环境的存储。

（2）工作环境复位。由于某些参数修改不当引起使用错误，却又无法确定参数位置时，可以将参数恢复到默认状态。单击"选项"对话框中的"重置所有选项"(Reset All Options)按钮 ![icon]，弹出图 8 - 52 所示的"重置"(Reset)对话框。在对话框中选择需要恢复的内容，单击"是"即可完成参数设置的复位。

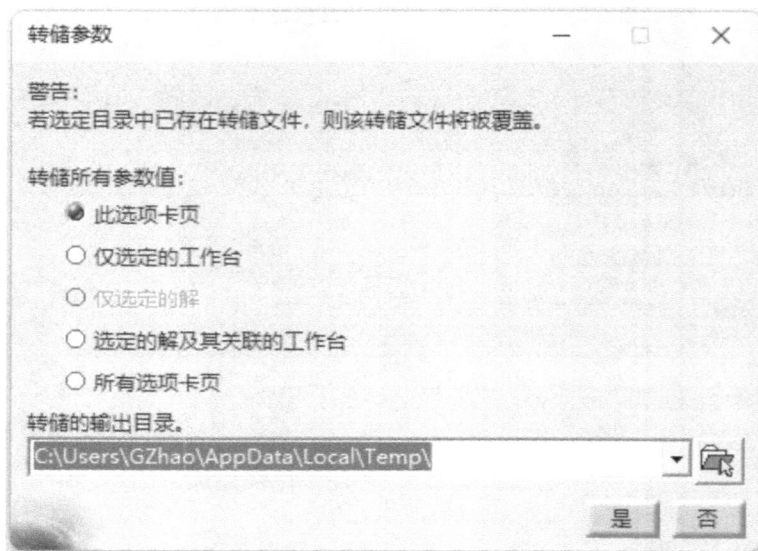

图 8 - 51 "转储参数"对话框

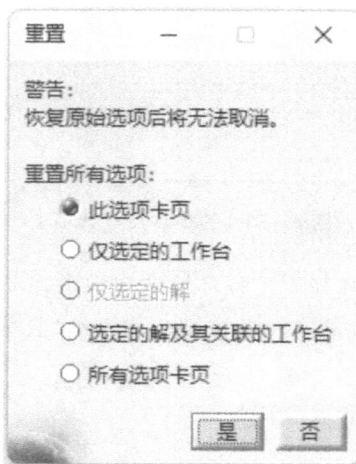

图 8 - 52 "重置"对话框

3. 自定义设置

DELMIA V5 允许用户根据自己的习惯和爱好对开始菜单、用户工作台、工具栏等进行设置,称之为自定义设置。

单击菜单栏中的"工具"(Tools)→"自定义"(Customize),系统弹出图 8-53 所示的"自定义"(Customize)对话框,其中包括开始菜单(Start Menu)、用户工作台(User Work benches)、工具栏(Toolbars)、命令(Commands)和选项(Options)5 个选项卡。

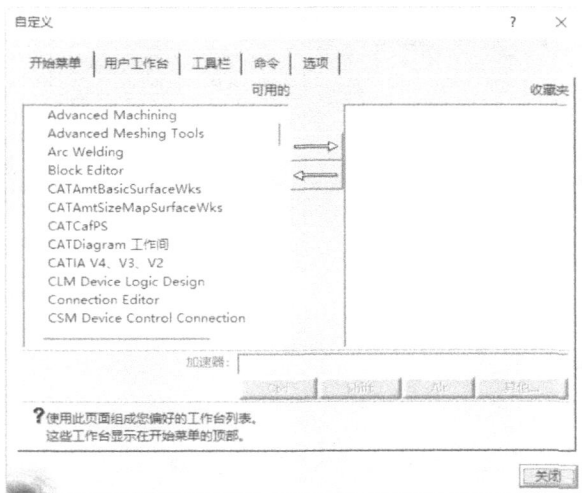

图 8-53　"自定义"对话框

(1)开始菜单选项卡。

图 8-54 所示为开始菜单选项卡。通过该选项卡可将常用的模块添加到自定义菜单中,同时添加到工作台中。

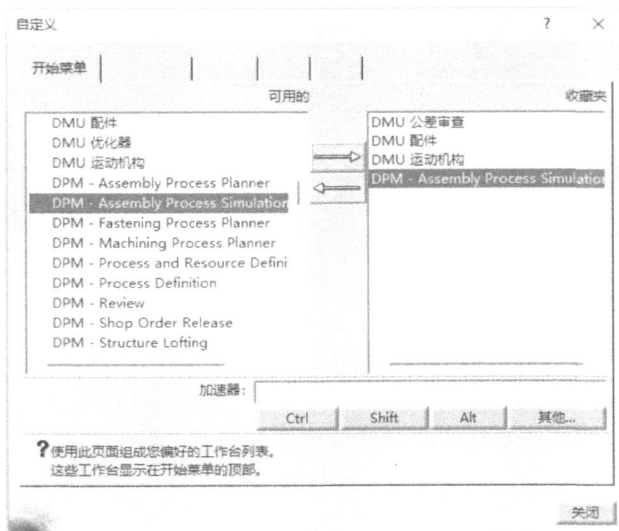

图 8-54　开始菜单选项卡

（2）用户工作台选项卡。

用户工作台选项卡用于新建、删除用户工作台，新建的用户工作台将会成为当前工作台。用户可通过工具栏（Toolbars）选项卡为新建工作台添加工具栏，如图 8-55 所示。

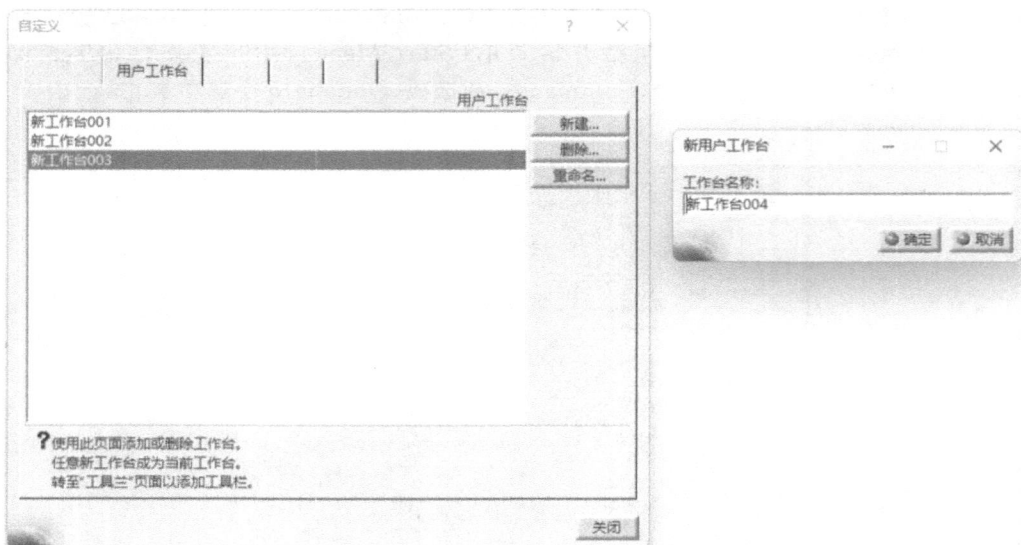

图 8-55　用户工作台选项卡

（3）工具栏选项卡。

工具栏选项卡用于对当前用户工作台添加工具栏、进行工具栏重命名、恢复默认工具栏和恢复工具的默认位置等，如图 8-56 所示。

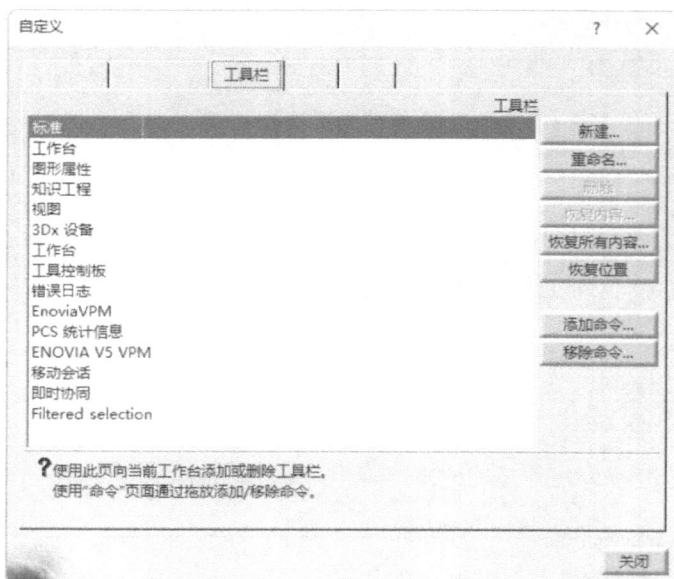

图 8-56　工具栏选项卡

（4）命令选项卡。

命令选项卡用于向工具栏中添加命令,用户可自定义命令的名称和图标,如图 8-57 所示。

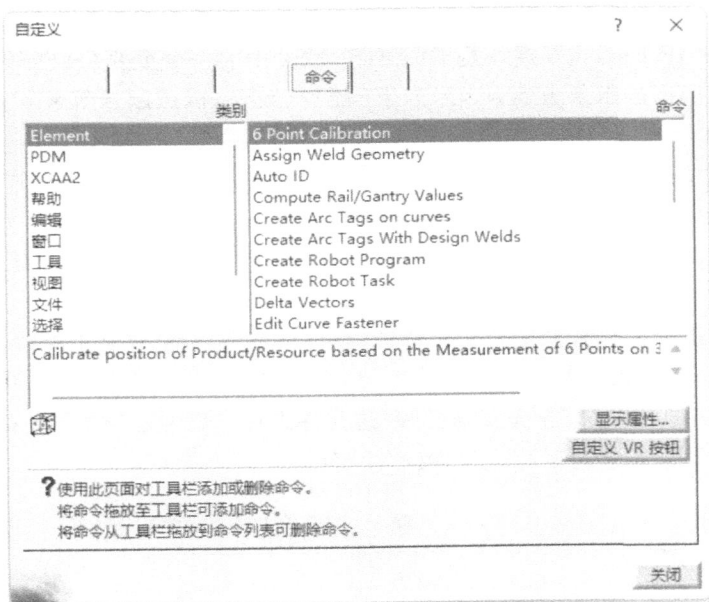

图 8-57 命令选项卡

（5）选项选项卡。

选项选项卡可用于设置按钮图标大小(Icon Size Ratio)、用户界面语言(User Interface Language)、锁定工具栏位置(Lock Toolbar Position),如图 5-58 所示。

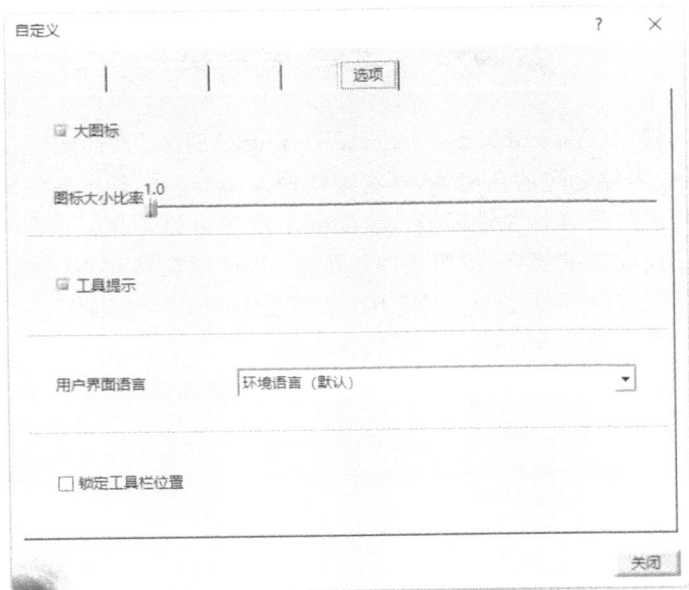

图 8-58 选项选项卡

第三节　装配件设计

DELMIA DMP Envision 模块是 DELMIA 软件中的一个重要组成部分,可以提供一套新的工艺规划与验证的解决方案,广泛应用于航空、航天、机械制造等领域的装配工艺设计和验证。

DELMIA DMP Envision 模块既可以在全 3D 环境中,定义和校验工艺顺序,确保装配工艺的准确性和可行性,又可以提供端到端的解决方案,包括预工艺规划、详细工艺规划和装配工艺验证等功能。其内容主要包括装配顺序、装配干涉、人机工程等规划及工艺规程的输出。

本书根据某组合式机翼翼梁的结构特征、几何尺寸及功能,采用 CATIA V5R20 建立了组合式翼梁、装配型架和装配夹具三维模型,并根据装配要求将翼梁各部分零件安装到装配型架中(见图 8-59),同时以此为基础讲解"装配件设计"这一组件的界面和主要功能,包括相合约束、联系约束、偏移约束、角度约束和固定约束等。

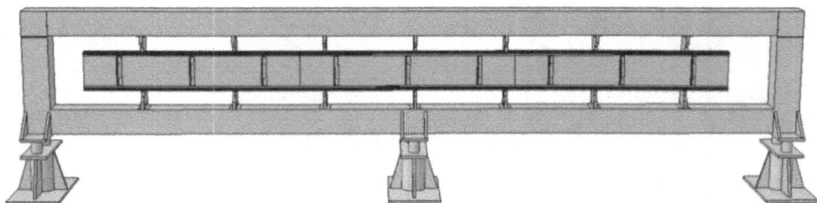

图 8-59　某组合式翼梁装配三维模型

第四节　装配序列规划

产品装配序列规划(Assembly Sequence Planning,ASP)是产品装配过程中零部件装配序列的指令,产品中零件之间的几何关系、物理结构及功能决定了产品的装配序列。产品装配序列规划是飞机装配仿真的关键环节。装配同一产品可以采用不同的装配顺序,不同的装配顺序形成了不同的装配序列;按照某些装配序列,可以较顺利地组织装配,最终达到设计要求;而采用有些装配序列(由于种种原因)却不能达到指定的装配目标。装配序列的优劣直接影响到产品的可装配性、装配成本、装配质量。

根据某飞机翼梁零件之间的几何关系、物理结构及功能,确定了其装配仿真顺序,具体如下:

(1)安装上下缘条,安装前夹具全开;

(2)安装腹板;

(3)安装加强支柱;

(4)安装连接角材。

第五节　装配路径规划

装配路径,是指从被安装零部件存放的位置,直到零件被装配到装配体上形成产品所行走的空间轨迹。装配路径规划就是寻找一条装配零件从装配初始点(装配操作前的位置)到装配目标点(产品最终的装配位置)的空间运动路径,当零件沿此路径装配时不会与环境中的其他物体(包括设备、工夹具、人和已装配零件等)发生碰撞。

为此,本书采用先拆后装的方法进行装配仿真,获取零件的装配顺序,保证装配时不会因为过装配而发生干涉。采用直线段形式的移动边界线法来表现装配路径。

第六节　装　配　仿　真

本节以某飞机组合式翼梁(见图 8 - 59)装配过程仿真为例,详细介绍 DELMIA 装配仿真的一般过程和步骤。

1. 启动装配仿真平台

双击"DELMIA 应用程序"按钮 DELMIA V5R20 ,启动 DELMIA 仿真软件,单击"开始"→"制造的数字化处理"→"DPM 装配过程仿真",进入装配设计仿真工作平台,如图 8 - 60 所示。

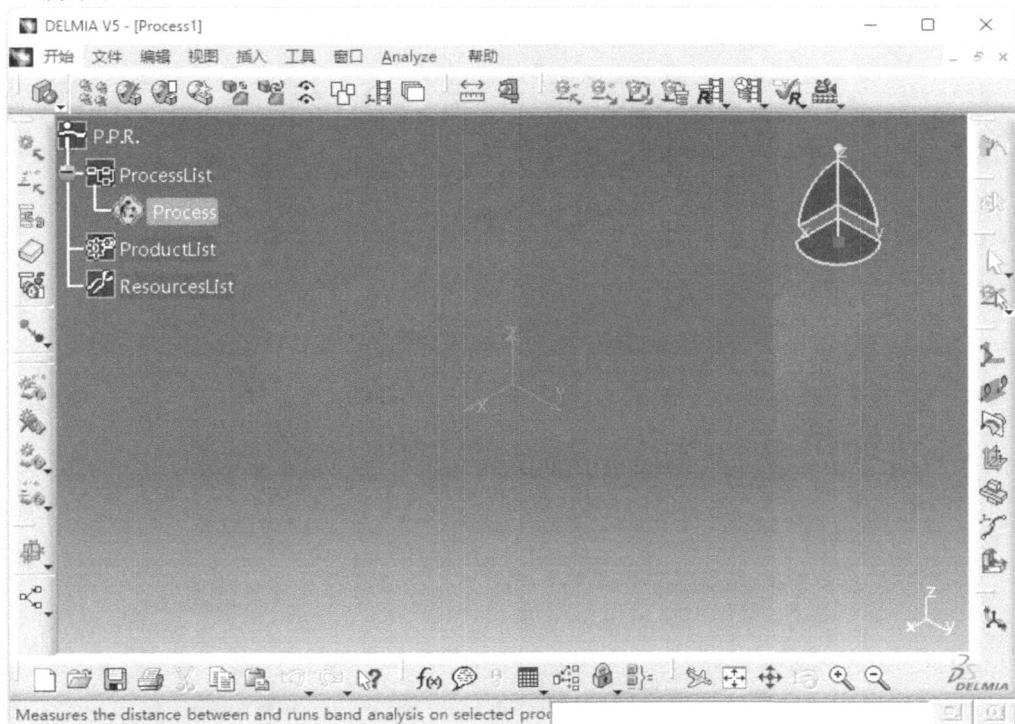

图 8 - 60　装配设计仿真工作平台

2. 导入组件

点击"作业管理"(Activity Management)工具条中的"导入产品"按钮(Insert Product)，弹出"选择文件"界面，如图 8-61 所示。选择所建立的某飞机翼梁装配图文件，单击"确定"完成翼梁装配图的导入。此时，仿真平台"Product List"下会出现翼梁装配图的名称，以及装配模型中个零件的名称，如图 8-62 所示。

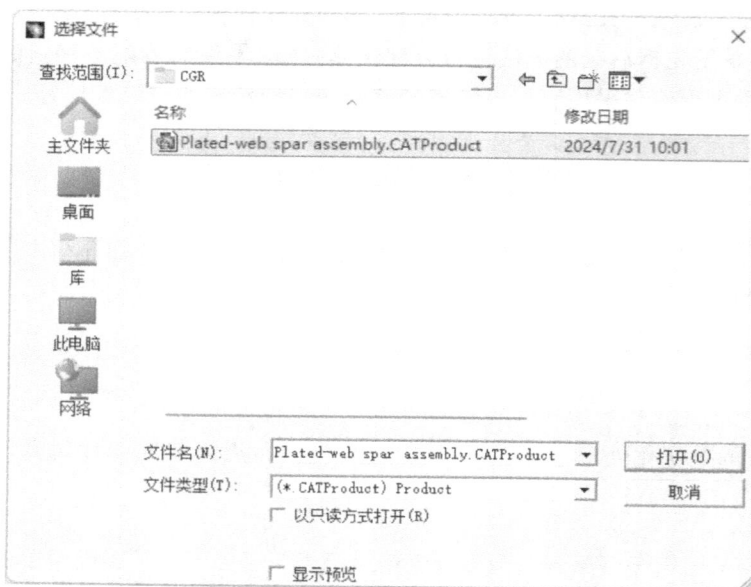

图 8-61 "选择文件"界面

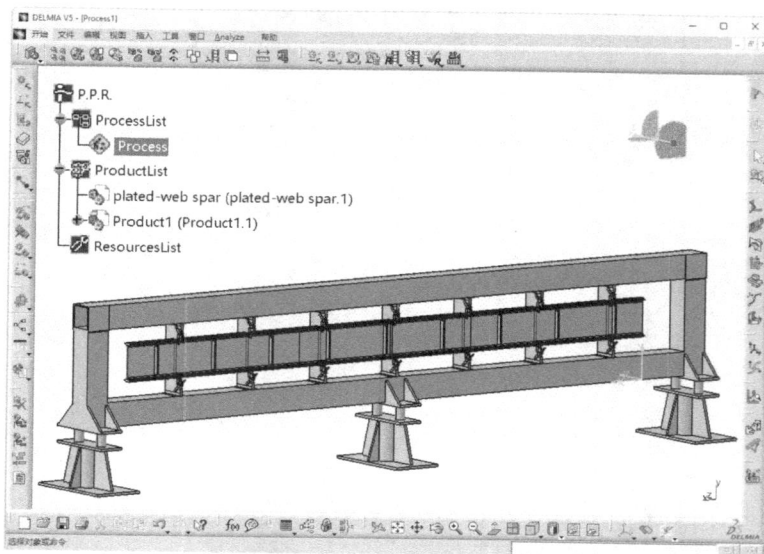

图 8-62 翼梁装配模型导入

3. 建立工艺库(Process Library)

单击菜单栏里的"文件"→"新建"按钮▢，弹出"新建"对话框，如图 8-63 所示。

图 8-63　"新建"对话框

在新建对话框里选择"ProcessLibrary"，单击"确定"，弹出"ProcessLibrary"工作平台，如图 8-64 所示。

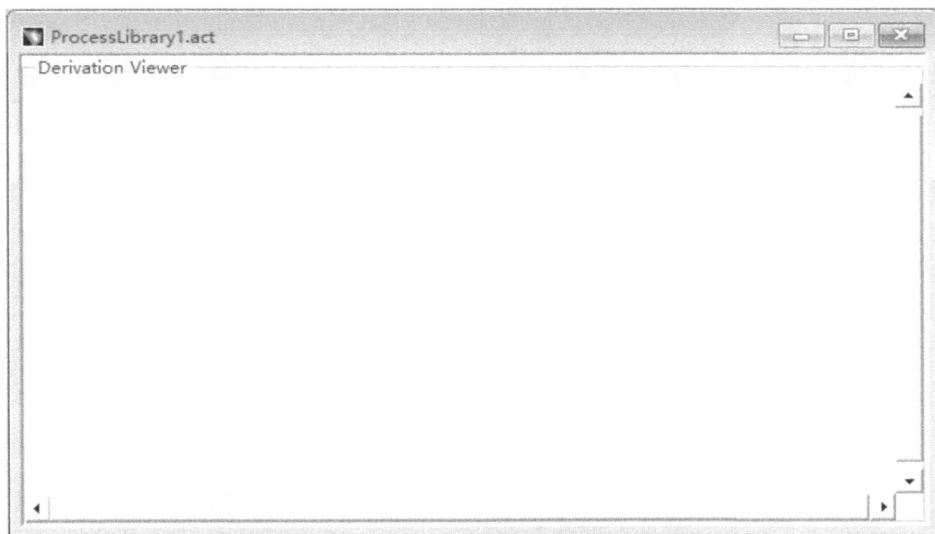

图 8-64　"ProcessLibrary"工作平台

单击"新建活动类型"(Create New Activity Type)按钮 ，弹出"新建活动类型"对话框，如图 8-65 所示，在命名栏里输入组合翼梁装配的名称，单击"确定"，完成活动类型新建，如图 8-66 所示。

单击"新建活动子类型"(Create New Activity Subtype)按钮 ，选择前面新建的活动类型,弹出"新建活动子类型"对话框。在新建活动子类型命名栏里输入型架的名称,完成型架活动子类型的创建。同理,分别完成夹具、缘条、腹板和立柱等零部件活动子类型的创建,如图 8-67 所示。单击"保存"按钮,保存新建的工艺库。

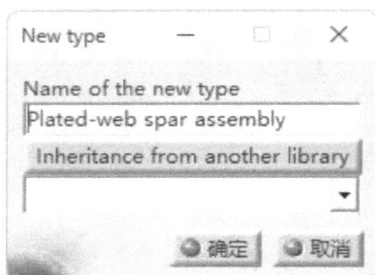

图 8-65 "新建活动类型"对话框

图 8-66 新建活动类型

4.导入工艺库

单击"作业管理"工具条中的"插入活动库"按钮 ，选择 PPR 树中的"Process",弹出工艺库"选择文件"对话框,如图 8-68 所示。选择上述新建的工艺库文件,单击"确定",完成工艺库选择。

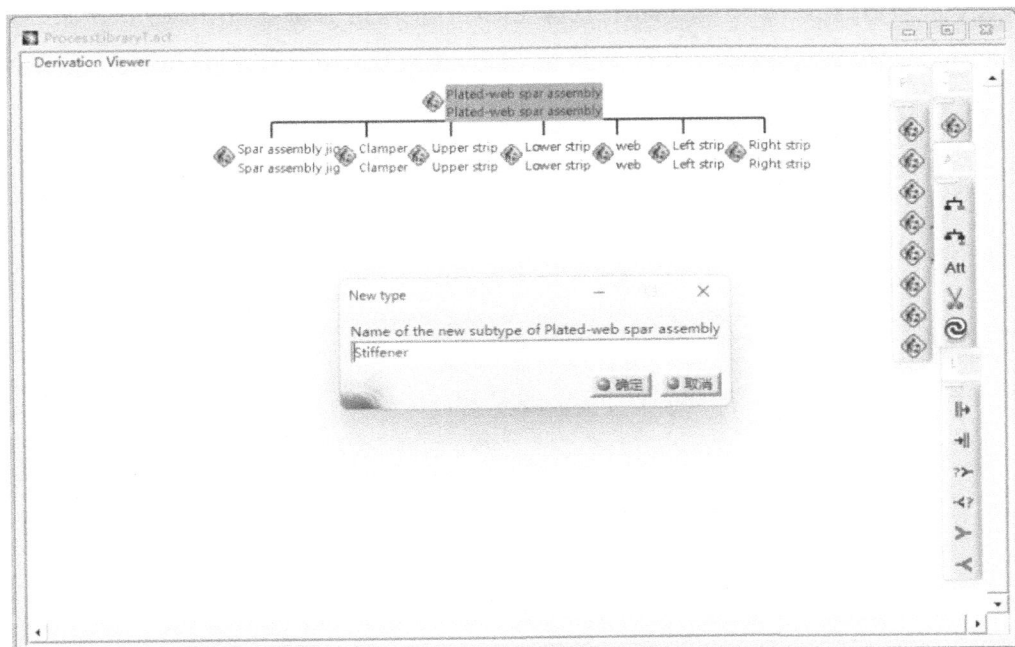

图 8 - 67　新建活动子类型

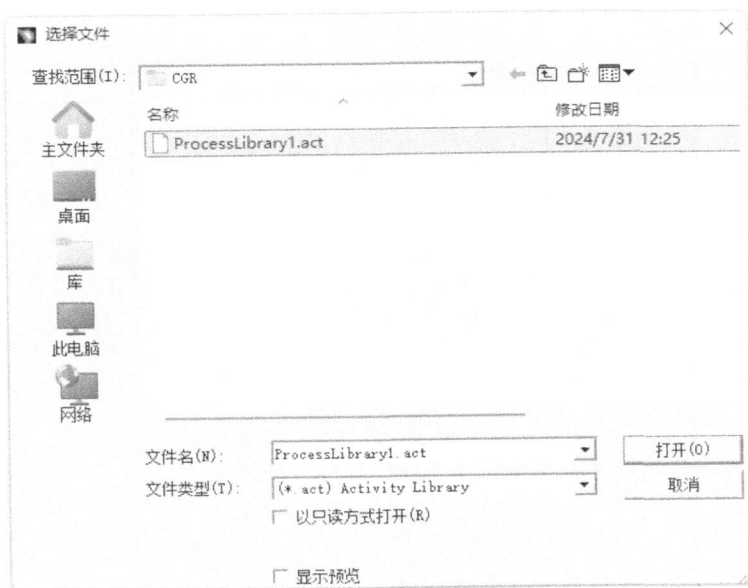

图 8 - 68　工艺库"选择文件"对话框

5.导入活动

单击"作业管理"工具条中的"插入活动"按钮 ，选择 PPR 树中的"Process",弹出

"插入活动"对话框,如图 8-69 所示。选择左侧栏中相应的活动项,单击"确定"完成相应活动项的导入。同理,完成夹具、缘条、腹板和立柱等零部件活动项的添加,如图 8-70 所示。

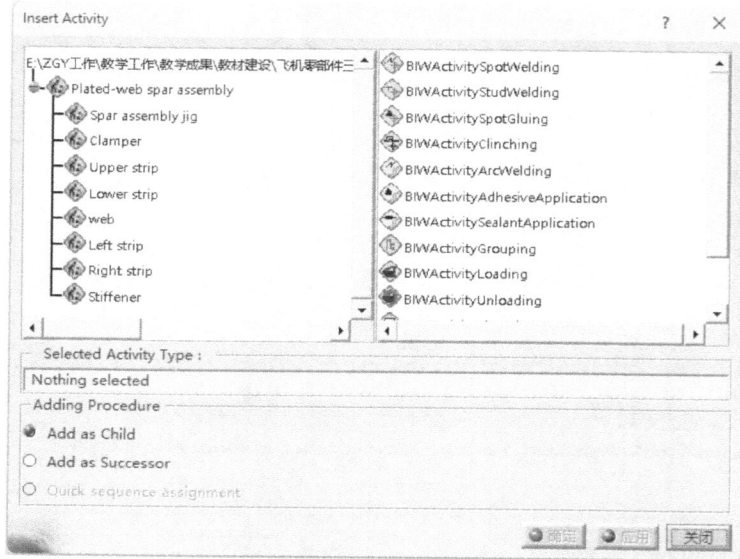

图 8-69　"插入活动"对话框

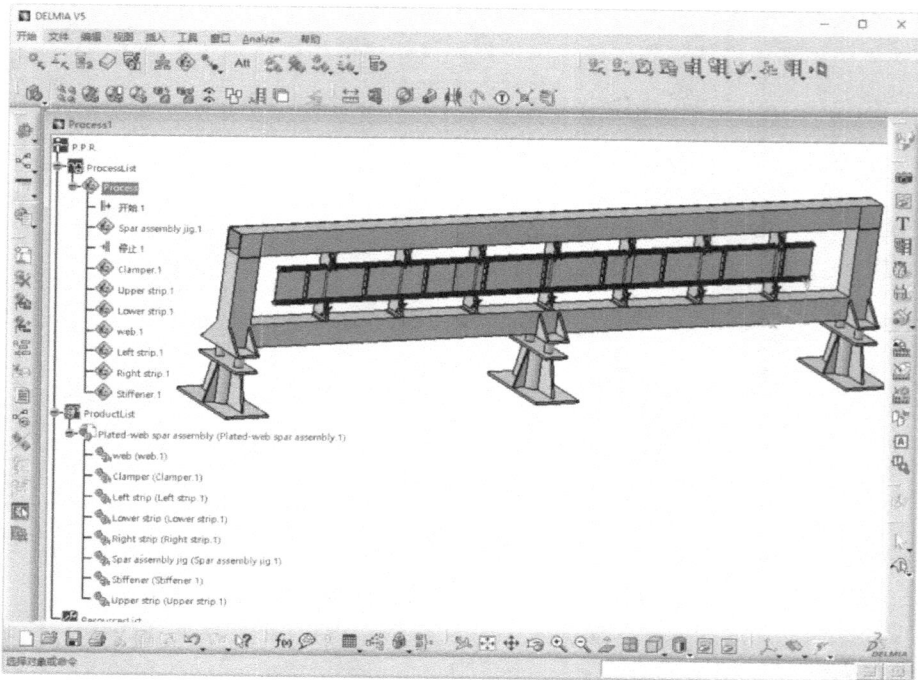

图 8-70　导入活动

6.创建移动

单击"模拟活动创建"(Simulation Activity Creation)工具条中的"创建移动活动"(Create a Move Activity)按钮 ▦ ，单击 PPR 树"ProcessList"下需要创建运动的零件，弹出"创建移动选项"对话框，如图 8-71 所示。选择运动添加前后，单击"确定"，弹出"预览"和"编辑梭"对话框(见图 8-72)，在"ProductList"中选中要添加的对象，单击"确定"，弹出"跟踪"和"记录器"对话框，如图 8-73 所示。按住鼠标左键，沿预设路径移动，并点击记录、保存移动轨迹，如图 8-74 所示。

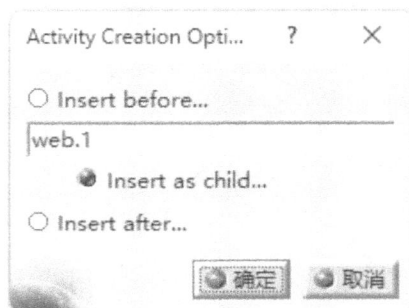

图 8-71 "创建移动选项"对话框

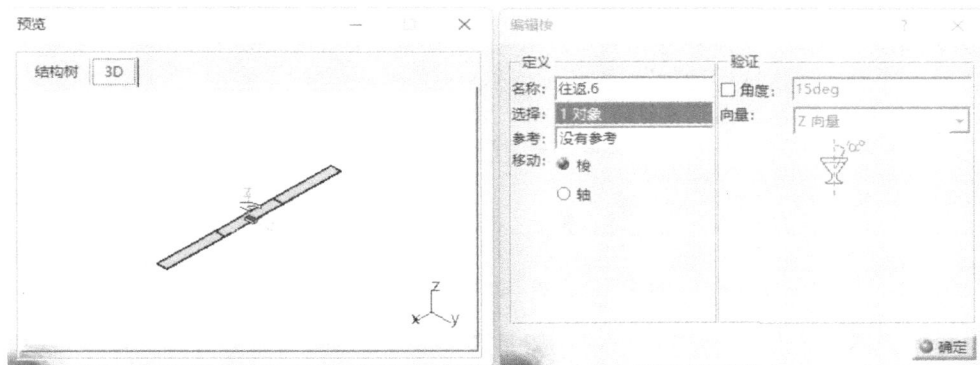

图 8-72 "预览"和"编辑梭"对话框

图 8-73 "跟踪"和"记录器"对话框

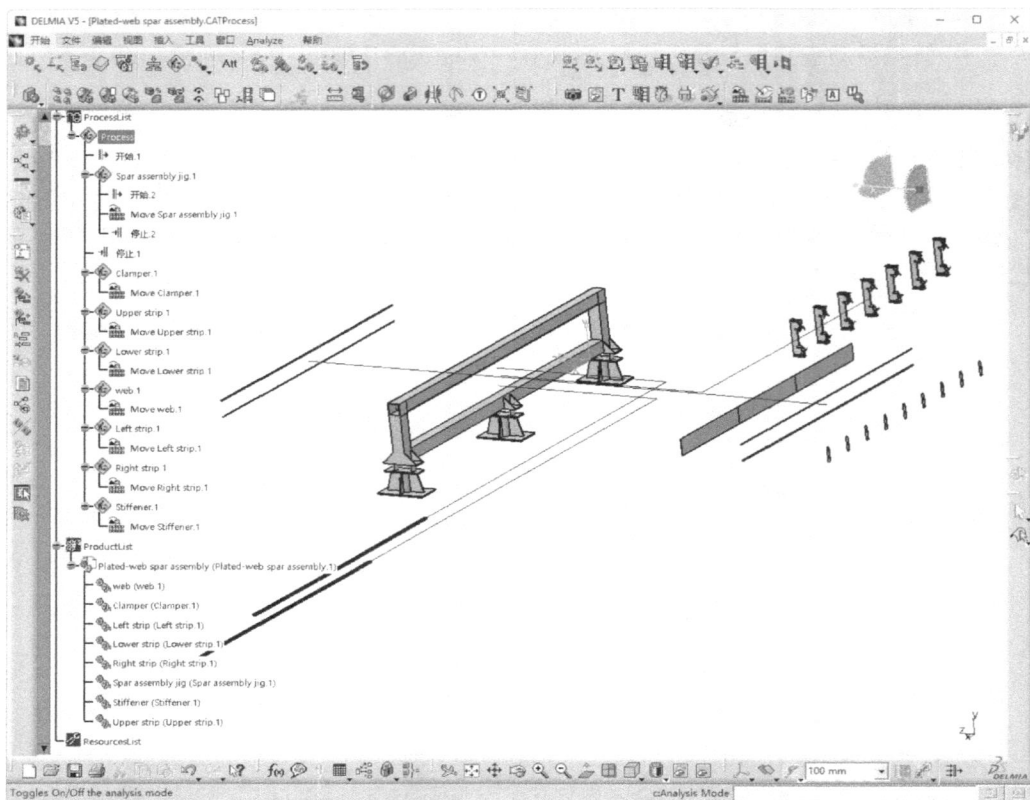

图 8 - 74　移动轨迹设计

7. 编辑动作状态

在 PPR 树中单击"Process",然后单击数据视图(Data Views)工具条中的"打开 PERT 图表"按钮 ![icon]，打开 Process 的 PERT 图,如图 8 - 75 所示。

通过添加或删除 Device Move Activity 和 Stop、Start 和 Grab Activity 之间的箭头,并设置各过程的相对关系,来更改各动作的运动关系(并行或串行)。

8. Gantt 图(Gantt Chart)

该功能用于修改各个动作持续的时间。在 PPR 树中选中 Process,然后单击数据视图工具条中的"打开 Gantt 图"按钮 ![icon]，弹出 Process 的 Gantt 图对话框,如图 8 - 76 所示。通过双击相应的动作来修改其动作的持续时间,也可通过改变 Gantt 图中各个时间条的位置使动作提前或滞后发生。

9. 逆序过程设置(Reverse the Process)

逆序过程可以将一个 Process 的运行完全逆序,或者是对某个选定的移动动作进行逆序。在 Process 树中,可以选择将所有的 Process 逆序,也可以只选择将某个分支 Process 进行逆序。

单击"作业管理"工具条中的"逆序过程设置"按钮 ![icon]，弹出反向定义对话框,如图 8 -

77 所示。选择反向定义选中的运动激活项,单击"确定"完成零件的反向安装运动。

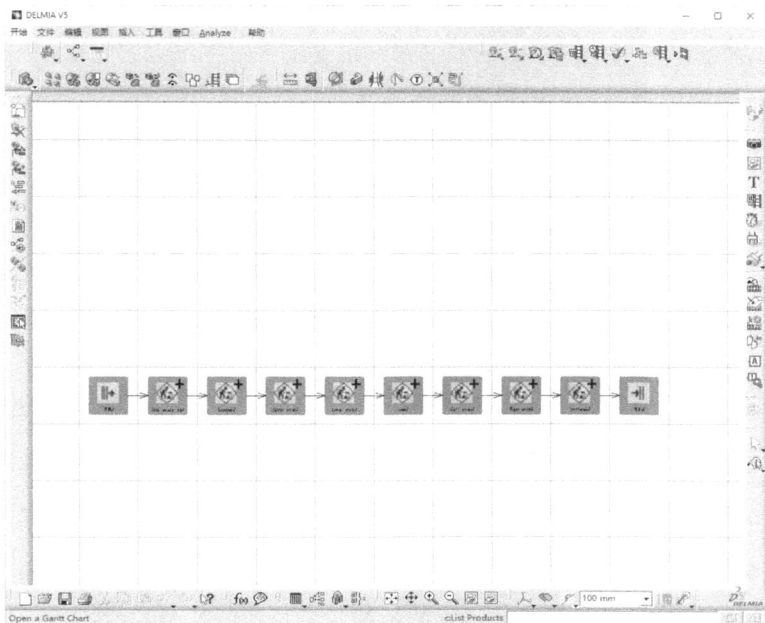

图 8 - 75 Process 的 PERT 图

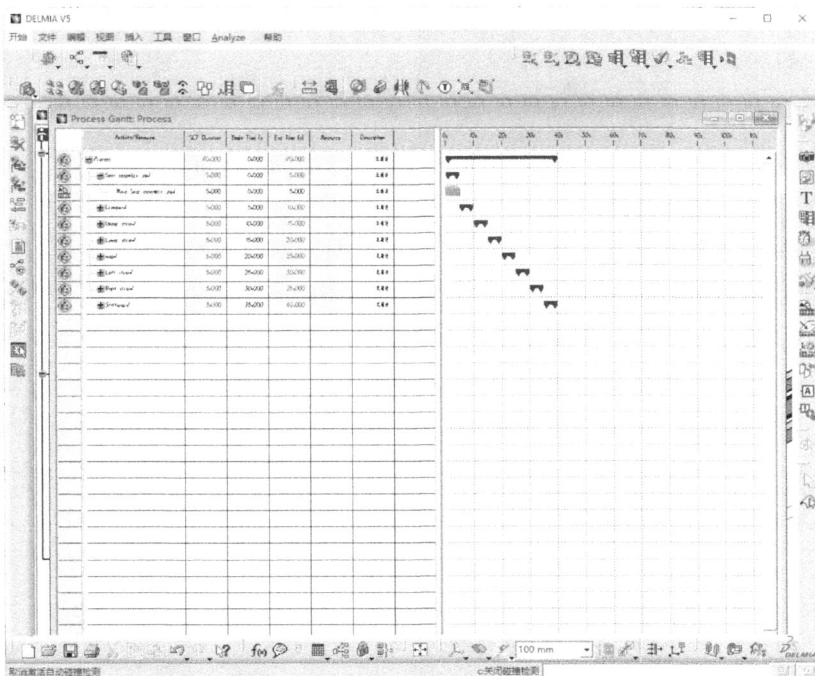

图 8 - 76 Process 的 Gantt 图对话框

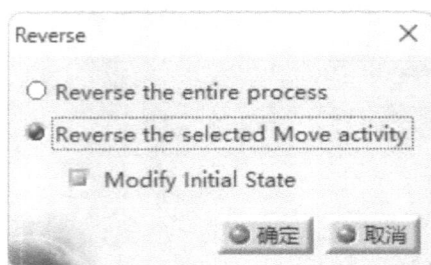

图 8 - 77　反向定义对话框

10. 录制仿真视频

点击工具菜单栏里的"图像"→"视频录制"按钮 ![icon]，弹出视频录制器，如图 8 - 78 所示，从而可以对前梁装配的仿真过程进行视频录制。

图 8 - 78　视频录制器

第七节　练习与提高

（1）根据第六章第五节"练习与提高"某飞机长桁、角片和翼肋的装配关系（见图 6 - 34），采用 DELMIA 完成其装配仿真。

（2）根据某飞机起落架的装配图和三维零件图［具体见第六章第五节练习与提高（2）电子资源］采用 DELMIA 对起落架装配过程进行仿真。

参 考 文 献

［1］ 李震,杨建鸣.机械三维建模教程［M］.北京:机械工业出版社,2011.

［2］ 李学志,李若松,方戈亮.CATIA 实用教程［M］.3 版.北京:清华大学出版社,2020.

［3］ 崔冬.DELMIA 在机械加工领域中的应用［J］.航空制造技术,2007(12):99－102.

［4］ 张玉刚,喻天翔,孙中超.CATIA 软件在飞机三维外形设计中的应用［M］.西安:西北工业大学出版社,2019.

［5］ 黄奔,汤研彦.飞机钣金件塑性成形及数控切割工艺分析［J］.中国金属通报,2022(2):153－155.

［6］ 虞浩清,姜泽锋.飞机结构图纸识读与常用维修手册使用［M］.北京:清华大学出版社,2009

［7］ 王咏梅,田宪伟.飞机全三维数字化建模技术［J］.航空制造技术,2013(21):32－35.

［8］ 李培根,高亮.智能制造概论［M］.北京:清华大学出版社,2021.